DINOMANIA

Why We Love, Fear and Are Utterly Enchanted by Dinosaurs

为什么
我们
迷恋恐龙

[美] 博里亚·萨克斯（Boria Sax） 著

邢立达 李锐媛 译

北京联合出版公司 · 浙音
Beijing United Publishing Co.,Ltd.

图书在版编目(CIP)数据

为什么我们迷恋恐龙 /(美)博里亚·萨克斯著;
邢立达,李锐媛译. --北京:北京联合出版公司,
2022.3

ISBN 978-7-5596-3908-0

Ⅰ.①为… Ⅱ.①博… ②邢… ③李… Ⅲ.①恐龙—
普及读物 Ⅳ.①Q915.864-49

中国版本图书馆CIP数据核字(2020)第015426号

为什么我们迷恋恐龙

作　　者:[美] 博里亚·萨克斯(Boria Sax)
译　　者:邢立达　李锐媛
出 品 人:赵红仕
出版监制:刘　凯　赵鑫玮
选题策划:联合低音
特约编辑:王冰倩
责任编辑:周　杨
封面设计:何　睦　杨　慧
内文排版:薛丹阳

关注联合低音

北京联合出版公司出版
(北京市西城区德外大街83号楼9层　100088)
北京联合天畅文化传播公司发行
北京美图印务有限公司印刷　新华书店经销
字数180千字　720毫米×940毫米　1/16　16.75印张
2022年3月第1版　2022年3月第1次印刷
ISBN 978-7-5596-3908-0
定价:88.00元

献给曾经还是小男孩的我，

希望他已经长成了大恐龙。

CONTENTS

目　录

CHAPTER 1

龙 骨

你心里偷偷期望雷龙能够回到这个世上，当然是驯顺的那种。

——雷·布拉德伯里（Ray Bradbury）

《恐龙故事》（*Dinosaur Tales*）

人类早就结识了恐龙，但为它们取的名字五花八门。在西方国家的古老传说里，龙生活在洞穴中或地下，这可能是源于化石。羽蛇神在拉丁美洲的神话中有着重要地位，往往以生命创造者的姿态出现。澳大利亚原住民神话里的彩虹蛇诞生于洪荒之初，为人类和其他动物创造了大地。亚洲龙结合了许多动物的特征，象征着原初之力和雨水之源。这些特征都与复原的恐龙类似，所以说恐龙存在于人类出现之前的世界。出现这种相似性的主要原因可能是各地人类的想象力和演化发展的方式大致相同。两者都不断重复熟悉的形态，例如翅膀、爪子、冠部、尖牙和鳞

马特乌斯·梅里安（Matthäus Merian）在1718年雕刻的龙。这条龙和很多近代早期以及之前的恶龙形象一样，明显和恐龙具有相似之处，尤其是长长的脖子和尾巴

片。这些特征都可能会不断消失，然后通过趋同演化重新出现。暴龙的形象类似袋鼠，而翼龙的外形像蝙蝠，但它们两者的相似并不是因为暴龙与袋鼠、翼龙与蝙蝠源自共同的祖先。

儿童热爱恐龙，可见这些巨型生物对人类有着与生俱来的吸引力，至少能触动人类内心深处极为本质的部分。有人认为这属于遗传，可以追溯到早期人类面对古巨蜥等巨大史前蜥蜴的日子，甚至是我们遥远的哺乳动物祖先必须和恐龙对抗的时光。不过这纯属推测。而更简单的解释是，恐龙的形象激起了关乎危险的兴奋感，但并没有构成实际的威胁。或者从孩子的角度来看，恐龙就跟成年人一样，又老又大。

通过恐龙激发幻想减轻了孩子的无助感。盖尔·A. 梅尔森（Gail A. Melson）生动地讲述了这一点：

> 我认识一个害羞脆弱的 8 岁男孩，他每天一放学就赶紧回家，沉浸于恐龙漫游地球的年代。他就是一部会走路的恐龙传说百科全书，不厌其烦地用 15 厘米高的雷龙和暴龙玩具展开恐龙大战。恐龙的力量不同于成年人或更壮实、更自信的小朋友，恐龙的力量尽在他的掌握之下。[1]

为什么大多数孩子都会在长大成人之后忘记这份迷恋？

成年人也会经常感到像孩子一样无助。为了寻求安慰，他们在电子游戏里打爆外星人，或者用其他方式消遣消遣，但很少会和恐龙玩耍。不过也许成年人并没有真正度过恐龙期？也许他们只是让孩子替自己释放了热情。我们一直认为恐龙是一场悲剧，

柬埔寨塔普伦寺的雕刻。这座庙宇建造于1186年。雕刻和剑龙极其相似。一部分原因可能是当地人发现过恐龙骨骼，不过也有可能只是巧合

因为它们虽然强盛一时，但现在都已经灭绝了（当然鸟类除外）。恐龙身上结合了统治之力和极端脆弱两方面，这为我们如何看待人类提供了两个重要思路。

无论如何，这名小男孩绝不孤独。在我经常造访的位于纽约的美国自然历史博物馆里开了一家商店，其中几乎有一整层楼都是恐龙纪念品，占整个商店的1/3，而且大多数商品都和科学没有太大联系。一排排货架装满了毛绒恐龙玩具，很多非常大。商店里也有很多关于恐龙的图画书，适合刚开始认字的孩子；还有

机械恐龙以及无数印着恐龙图片的小物件。

从各个方面来看，梅尔森笔下的那名 8 岁男孩都和我似曾相识，虽然古生物学在我小时候还不像现在这么商业气息浓郁。那时候的恐龙就跟总统和老师一样威严。但是在芝加哥菲尔德自然历史博物馆里有一具复原的迷惑龙骨架，它矗立在大厅的圆顶下面，前面有一块放在小基座上的巨大骨头，欢迎参观者触摸。我碰触这块骨骼的时候感觉它异常坚硬冰冷，仿佛金属，但更能让人感受到这个生物曾经的体温。我一直不太合群，而且热爱幻想。回想起来，恐龙世界就是我的避难所，主要是为了避开自以为了解我但始终对我一无所知的大人。

公元前 6000—前 5000 年的新石器时代花岗岩画。画中的生物和蜥脚类恐龙非常相似。岩画位于俄罗斯卡累利阿共和国的奥涅加湖畔

美国自然历史博物馆里的一些恐龙玩具

虽然社会在过去的一个半世纪里经历了各种变化，但至少每一代人里都有一些孩子体验过“恐龙期”，这对每个年龄段的人来说都是一种安慰。恐龙仿佛是维多利亚时代的“童年奇迹”，也证明我们的童年经历延绵不绝，让我们感到慰藉。这种现象非常不可思议，因为它们似乎常常是在儿童心中自发出现，不需要成人的鼓励。不过也许恐龙也和人类一样并非恒久不变。自从 19 世纪早期人类发现恐龙以后，我们对它们的想象就在不断变化。

也许自从童年邂逅了恐龙骨骼，我后来的每一次恐龙体验都难免带有一丝失望。对还是孩子的我来说，恐龙是一道大门，通向没有社会压力和要求的世界。在青春晚期的时候，我将“成为恐龙”写在了一首诗里，意思只是要做自己。不过事实证明，自恐龙被发现以来，恐龙，至少是恐龙的骨骼，就一直深陷商业和强权政治的世界，这些故事本书也会一一道来。但我的童年经历

The House on 79th Street... where you can touch a dinosaur

A DINOSAUR LEG BONE

Outside, it's just a big building on New York's West 79th Street. But step inside the American Museum of Natural History and the whole world is within walking distance. Here is the blazing sunlight of Africa with massive gorillas, lions, antelopes and eight magnificent elephants. In the Hall of North American Mammals, you can tour the National Parks and see among others, the mountain lion at Grand Canyon, the coyote at Yosemite and the grizzly at Yellowstone.

Here in a short afternoon, you can see how the American Indians used to live, you can study birdlife beneath brilliant Pacific skies, stroll along the ocean floor or visit the stars in the Hayden Planetarium. In Brontosaur Hall you look up at the 66-foot skeleton of the "Thunder Lizard" and look back over some 200,000,000 years.

You'll see actual dinosaur footprints found by a Sinclair-sponsored expedition, and run your fingers over a piece of fossilized bone, mounted on a pedestal for those who would like to touch a dinosaur.

America is a big land and rich in natural marvels. But for concentrated adventure and excitement, the building on 79th Street must be reckoned the most fascinating 23 acres in the world.

Free TOUR INFORMATION—If you would like to visit New York City or motor elsewhere in the U.S.A., the Sinclair Tour Service will help you plan your trip. Write: Tour Bureau, Sinclair Oil Corporation, 600 Fifth Avenue, New York 20, N. Y.

SINCLAIR Salutes the American Museum of Natural History

For adding to man's knowledge of the world he lives in, for making this knowledge a living and meaningful experience, and for demonstrating the importance of conservation of the natural wealth of our lands and wildlife.

SINCLAIR
A Great Name in Oil

美国《国家地理杂志》（*National Geographic Magazine*）1956年为辛克莱石油公司（Sinclair Oil）和美国自然历史博物馆做的广告。20世纪60年代末之前，参观者触摸恐龙骨骼都是稀松平常的事情，但后来的展览主流换成了视听材料告诉我，如果最后人类能剥离所有的浮华喧嚣，可能就能发现奇妙之物。

正如汤姆·雷亚（Tom Rea）所说，自从20世纪早期，自然历史博物馆就成了“科学的神庙，恐龙就是中央的神坛”。[2] 博物馆的造型都参考了古老的神庙或教堂，具有高高的屋顶、穹隆和精美的浮雕，年代久远的博物馆尤其如此。它们就跟教堂一样，也是艰深知识的守护者。

博物馆形似教堂并不是巧合，而是自然神学思想的体现。这是早期科学的发展动力，虽然受到了进化论的挑战，但如今依然颇有影响力。这种理论认为自然界的规律都是有意识的计划，因此证明了神的存在。研究自然规律就是揭示神圣计划，应该让人因此而敬畏神力。

宗教将科学界和普通民众联系了起来。马丁·拉德威克（Martin Rudwick）如是说：

> 科普曾经完全是单方向活动——由科学家权威翻译——他们将晦涩的发现用更通俗的语言讲述出来，但这就难免要牺牲或者歪曲一些内容。不过最近的科普活动更侧重于“普”，而不是“科”。[3]

首先，科学依赖于资金，而资金受公众认知的严重影响。这就对确定研究方向起到了决定性的作用。科普也有助于激励年轻人投身于科学。此外，无论科学家自己是否有所意识，大众媒体对他们研究领域的不断曝光会产生影响。作为博物馆、公司甚至大学的教师，许多科学家必须经常代表自己的领域与公众接触。

此外，科学家之间的很多沟通也不可避免地要呈现在大众媒体上。虽然专业期刊依然重要，但它们总是缓慢、烦琐。新的发现很有可能在正式投稿并接受同行评议之前就得到了大量报道。外行人的知识储备可能无法与专业古生物学家相比，但对最新资讯的了解恐怕并不逊色。因此，如果我们要更好地了解恐龙在当今世界中的地位，那就不能将科学看作单一的领域，更不能认为这是一个“遥远的国度”。确切而言，“科学”是各色人等共同努力的广阔领域，其中不仅需要研究人员，也需要哲学家、网页设计师、艺术家、教师、记者、博物馆专业人士等。在人们浪漫的想象中，孤独的研究人员为了真理而只身奋战，最终战胜了无知和迷信；但现实截然不同，这种看法早已过时。如今大多科学论文至少有三名作者，而且通常超过这个人数。与流行文化的联系也限制了科学对客观真理的主张，因为科学结论与众多不可捉摸的主观心理因素和其他偶然因素关系密切。即使是研究人员，也几乎没法用肉眼直接观察物理学里的新发现，但只需要一点儿想象，古生物学发现就很容易以丰富多彩的图像呈现出来。恐龙在18世纪末和19世纪初的时候走入人们的视野，在这段短暂的时间里，人类对恐龙的情感复杂、矛盾、五味杂陈，在某种程度上又十分亲密，正如我们对狗和猫等所有其他动物的感情。这份关系在很大程度上由幻想所左右，和公众与名人的关系十分相似，但没有因此而变得不真实。展览、主题公园、小说、玩具、电影、漫画、标志和各种其他流行文化产品都会以恐龙作为主角。

更公开的科学活动也充斥着吸引看客的心机，只不过比较矜

威廉·贾丁（William Jardine）为《博物学家的图书馆》（*The Naturalist's Library*，1840）所作的插图，图中是大角鹿的骨骼。恐龙和大型哺乳动物的骨骼本身就已经十分巨大，但研究者还是常常会进一步夸大它们的尺寸。也许在创作这幅图画的时候，作者混淆了恐龙的骨骼和大角鹿的骨骼。不过很可能只是因为这些庞大的动物让人心生敬畏，让作者不由自主地下笔夸张

持。吉迪恩·曼特尔（Gideon Mantell）等早期恐龙发现者大大夸大了恐龙的体格，以迎合公众对宏大新奇事物的热爱。在19世纪末和20世纪初，寻找巨大的骨头变成了一场竞争，投身其中的不仅仅是探险家，还有支持他们的实业家和政府，这个活动完全就是化石狩猎。

即使使用非常精密的工具，研究者也只能从骨骼和相关事物中推断出有限的信息，因此恐龙外观和习性的复原有很多想象空间。最受欢迎的恐龙形象甚至忽略了古生物学的限制，不过还是

会经常参考最近的发现，以免结果过时。在描绘恐龙的时候，我们也会大量参考中世纪的龙和恶魔形象艺术，而这些古代神灵的形象其实又和化石有关。神话中的大蛇通常与古老的信仰或遥远的时代联系在一起，于是诸如圣乔治（St George）或贝奥武夫（Beowulf）这样的屠龙者就像今天的古生物学家一样，都在将世界推向现代。

我们是什么时候“发现”了恐龙？大多数学者都会说是19世纪初。如果必须给出具体的年份，那可能是1824年，当时威廉·巴克兰（William Buckland）命名了巨齿龙。也可能是1842年，理查德·欧文（Richard Owen）在那一年里创造了“恐龙”一词。但是大部分为“恐龙”这个概念打下基础的信息早已为人所知。世界各地的人会时不时地发现恐龙骨骼。他们还想象出了巨大的爬行生物，有些类似于我们今天所谓的“恐龙”，但他们还没有可以描述恐龙的知识构架，也没有能为恐龙找准位置的宇宙观。

骨　骼

据我们所知，直到18世纪晚期才有人将化石作为已灭绝动物的遗骸研究，这一点现在看起来实在是令人震惊，而且揭示它们真实身份的过程远比大多数人想象的更复杂。我们现在总是将它们看作生物留下的印记，通常形态扭曲、并不完整，但在几百年前，史前生物的遗体这个概念通常太过抽象。无机元素常常会呈现出有机形态，这就更让人迷惑。想想看，人们有时会觉得云朵或石膏墙壁上的裂缝类似人脸、动物和宫殿。还有岩石中的树枝晶，它们即使是在今天也常被误认成植物化石。玛瑙和其他石头中的图案时常肖似陆地或海洋景观。

不过一些骨头似乎的确是有机体，不能轻易归咎于无机元素的把戏。从恐龙时代，或更早的时代到今天，骨骼的形态基本上没有变化。目睹被掠食者啃食得一干二净的骨头是古代人类的日常经历，但有些骨骼必定因为尺寸和重量而特别醒目。恐龙骨骼尤其明显，它们通常相当巨大，远大于大型哺乳动物。至少在世界的大部分地区，这类骨头可能曾经比现在常见得多，也更容易发现，例如欧洲人移居之前的美国西部。毫无疑问，许多恐龙和史前哺乳动物的骨骼都被聚居的人类摧毁，它们曝露在空气中，逐渐遭到侵蚀，或者被民间医生磨成粉末。而在现代，古生物学家会将化石收集起来，其中大部分都放置在了博物馆的地下室。

那么，为什么在古代世界中没有太多巨大骨骼的记录？这可能是因为它们没有给人留下太深刻的印象。古代人不像现代人一样能明确区分自然世界和超自然世界，他们认为龙和巨人的存在理所当然。留下大骨头的生物早已死亡，不会产生威胁，所以似乎没有什么必要对它们大加评论。但即使没有明确记录，巨大的骨头可能也在神话和传说中占有一席之地。

身份不明的骨骼自然会激发揣测，而且往往是超自然的揣测。至少文艺复兴时期以来，整个欧洲都认为独角鲸的角属于独角兽，而且价值连城。人人都以为鸵鸟蛋属于狮鹫。但鲸角和鸵鸟蛋都比恐龙骨骼常见、保存得更好，而且更容易识别。巨大的骨骼被公认属于巨人，只有巨人始终是人们心中和恐龙并肩的庞大生物。龙虽然具有很多恐龙的特征，但大小很少超过鳄鱼或狮子，这在欧洲中世纪和文艺复兴时期的艺术中特别明显。北欧神话中的尘世巨蟒、中国龙和《圣经・启示录》中的龙是极个别例外。但是现代的恐龙知识让我们以为神话中的龙也十分巨大。

自公元前 1200 年开始的大约一个世纪里，埃及人都在神庙中祭拜近 3 吨从河床上采集来的巨大骨骼，他们认为这是鳄鱼神赛特（Set）的遗体。[4] 中国人将戈壁中的化石称为“龙骨”，而且磨成粉的龙骨是一味名贵的中药。公元 3 世纪的手稿里就提到了龙骨化石，16 世纪的中国文献里也有“龙牙”的记录。恐龙化石可能比较常见，因为古人精心建立起了一套挖掘和制备骨骼的方法。[5] 一种理论认为，狮鹫之所以经常在古希腊人的画笔下出现，但在希腊神话里却几乎从不露面，是因为它们的原型是以中亚发现的骨骼为基础的。[6]

在公元前 5 世纪初，雅典人为忒修斯（Theseus）建造了一座神殿，并将巨大的骨骼尊为他的遗体。[7] 在美国南达科他州的原住民看来，因风暴而暴露出来的巨大骨骼是雷鸟 * 或死于雷鸟爪下的对手。早在欧洲人到来之前，生活在现今加拿大艾伯塔省和萨斯喀彻温省的黑脚族印第安人就认为巨大的化石是野牛的祖先。罗马皇帝奥古斯都（Augustus）向公众展示过很多巨大的骨头，这可能算是最早的博物馆之一。

古希腊人认为巨大的骨骼是败于众神的泰坦巨人。在美国西北部，苏族和其他印第安部落也有类似的看法。巨大的骨头都属

---

* 译注：印第安神话中的天界巨鸟，有操控风雷之力。（后文若无特殊说明，均为译注。）

于乌特奇（Unktehi）*，那是生活在地下的爬行类怪兽，是神灵的手下败将。爱德华·德林克·科普（Edward Drinker Cope）和奥塞内尔·查尔斯·马什（Othniel Charles Marsh）都是 19 世纪晚期最杰出的美国化石猎人，他们都会向当地部落请教哪里可能存在恐龙骨骼。

许多亚洲寺庙里都珍藏着古代龙蛋，其中至少有一部分是恐龙蛋。[8] 在印度中西部供奉猴神哈奴曼（Hanuman）的帕特巴巴（Pat Baba）印度教寺庙中，数代祭司都保管着泰坦龙与其他恐龙的骨骼和龙蛋。他们认为骨骼属于被湿婆（Siva）杀死的恶魔，而球形的蛋是湿婆的象征。[9] 琐罗亚斯德教中阿里曼（Ahriman）的仆从、美索不达米亚神话中提亚马特（Tiamat）的造物**，甚至是《圣经·启示录》中的恶魔大军都具有很多巨蛇的特征。而珀尔修斯（Perseus）、圣玛格丽特（St Margaret）和圣乔治等无数屠龙英雄杀死的龙都没有历史渊源，似乎只是著名爬行动物时代的残余。

希罗多德（Herodotus）的《历史》（*History*）一书可能是第一份明确提到史前骨骼的文献。在公元前 560 年左右，斯巴达人对忒革亚人（Tegeans）发起战争，并多次战败。于是他们派出一名使者到德尔斐求取神谕，以询问获胜之道。占卜者说他们必须把英雄俄瑞斯忒斯（Orestes）的骨骼带到斯巴达。忒革亚的一名

---

* 巨大的长角水蛇，也是雷鸟的死敌。

** 阿里曼是琐罗亚斯德教的恶魔之首，创造了众多恶魔。提亚马特是美索不达米亚神话中的混沌母神，代表咸水，和淡水之神生下了诸神。后来在子孙反叛的时候创造了十一魔神。

拜占庭的圣克里斯托弗（St Christopher）圣像，具有犬类头部，绘于17世纪的卡帕多西亚，目前藏于雅典的拜占庭和基督教博物馆。圣克里斯托弗经常以巨人的形象出现，有时还有犬类的头部。传说他在暴风雨中背着化身孩童的基督过河。他之所以具有魁梧的身躯和野兽容貌，可能和严酷气候下暴露出来的史前动物骨骼有关，甚至可能包括恐龙骨骼

铁匠曾向一名来访的斯巴达人说过，他在挖井时发现了一块巨大的骨头，长约 7 肘（约 3.5 米）。斯巴达人认为这个巨人就是俄瑞斯忒斯，于是一队斯巴达人偷偷潜入忒革亚，挖出了骨头并将它带回斯巴达。[10] 虽然遗骨并没有让斯巴达人赢得决定性的胜利，但他们在忒革亚面前取得了主动权，两个城邦最终成为盟友。

中世纪的时候，骨骼大多都和基督教吸收的异教神话人物联系在一起。在河床上发现的巨大骨头往往被归于圣克里斯托弗，他无比强大，据说曾在暴风雨中背负化身孩童的基督过河，因此其实是担负了整个世界的重量。[11] 这位圣徒常被描绘成狗头巨人，因为他的原型是希腊－埃及的神祇赫曼努比斯（Hermanubis），而后者是希腊版本的埃及豺头亡灵引导之神。但半兽的形象也有可能和史前生物的骨骼有关。

乔万尼·薄伽丘（Giovanni Boccaccio）在出版于 1374 年的《异教诸神谱系》（*Genealogia Deorum Gentilium*）里说道，西西里岛特拉帕尼的三名工人正在给房子打地基，结果发现了一个巨大洞穴的入口，他们看到洞里有一个大约 60 米高的巨人。他们吓得落荒而逃，之后又带着大约 300 名村民杀了回来，大家小心翼翼地走近巨人。一经触摸，这巨人就立即崩溃成尘埃，只留下三颗巨大的牙齿、一部分头骨和一条腿的骨骼。遗骸都在当地教堂里展览。[12]

在 15 世纪中叶，为维也纳圣史蒂芬大教堂扩建打地基的工人挖出了一些巨大的骨头。它们被放置在大门口，因此大门也称“巨人之门”。传说骨骼属于最初协助建造教堂的巨人，他们后来也接受了洗礼。[13] 奥地利的克拉根福市在市政厅里摆放了一

奥地利克拉根福的龙喷泉，修建于 1582 年，灵感来源是一块巨大的头骨，后来研究者发现这其实是长毛犀的遗骸

块长毛犀的头骨，因为当地人坚信这是在城市建立时杀死的恶龙。1582 年，一位雕塑家依据这条龙的形象创作了一座青铜喷泉，并根据头骨模拟出了龙的头部。[14] 16 世纪，勃艮第的传奇首府沃尔姆斯市里发现了许多大骨头，这里正是英雄齐格弗里德（Siegfried）惨遭谋杀的地方。人们认为这些骨骼是当地英雄所斩杀的恶龙和巨人，于是将它们放到市场上展览。[15]

耶罗尼米斯·博斯（Hieronymus Bosch）的画作中出现过许多巨大的骨头，这可能只是源于他富有创造力的想象，但也可能至少在一定程度上受到了史前生物的启发。他最令人费解的作品

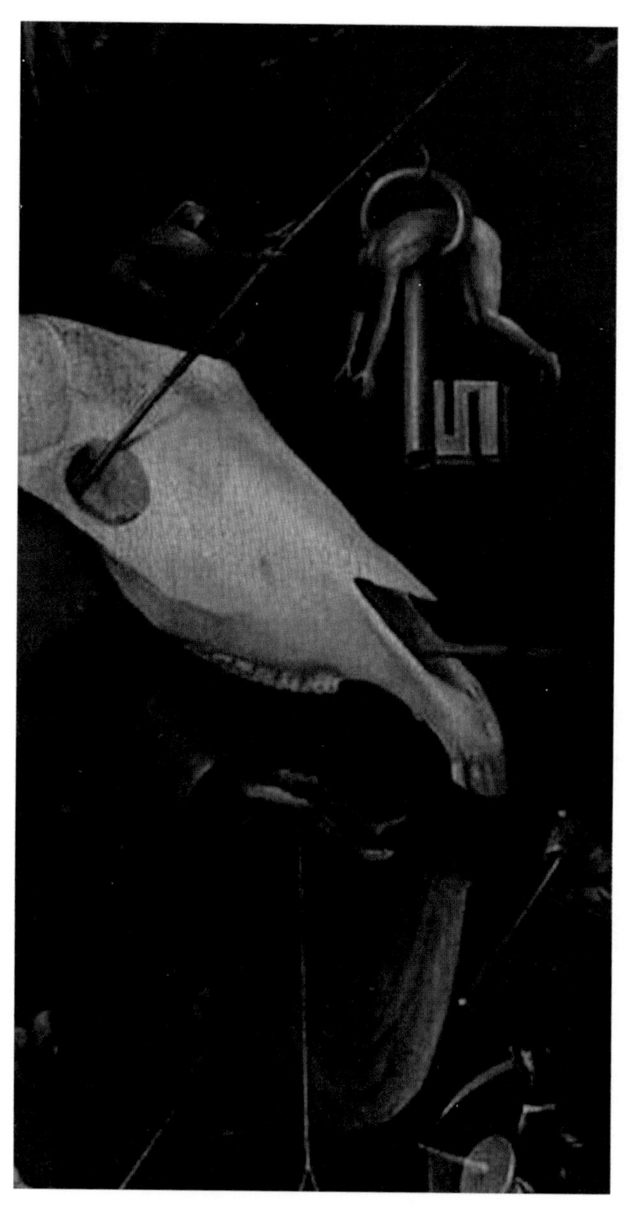

《人间乐园》(橡木板油画)中的地狱，耶罗尼米斯·博斯绘。图中展示出了巨大的颌骨，这可能是牛颌骨，但过于巨大。这样的“牛”生前会是什么样子呢

《人间乐园》(橡木板油画)中的地狱“树人”，耶罗尼米斯·博斯绘。这是地狱深渊中的场景，中间巨大的人物可能是根据骨骼复原史前动物的早期尝试

之一是三联画《人间乐园》(*The Garden of Earthly Delights*，约1503—1504）中的地狱。中间画面中的左侧是一块巨大的头骨，类似于牛。右侧的画面正中间是一具恶魔骨架，它的脸直面观众。这怪物的腿形似树干，但整体呈白色，并且小腿和大腿之间有明显的弯曲。躯干是有大开口的巨大蛋壳，开口里有几个人，仿佛正坐在小酒馆里。恶魔头上有一个宽大的圆盘，上面有恶魔带着罪人遛弯，还有一个巨大的风笛。[16]这个形象可能是史前骨架在想象中的复原。蛋壳的灵感很有可能来自无数的骨骼碎片。

比博斯年轻的同代人，来自威尼斯的马尔坎托尼奥·拉伊蒙迪（Marcantonio Raimondi）和徒弟阿戈斯蒂诺·韦内齐亚诺（Agostino Veneziano）创作了版画《女巫的行列》(*The Witches' Procession*，约1520)，这幅画更有可能涉及恐龙复原。其中描绘了女巫安息日，其中有两个人物拉着一具完整的怪物骨架，上面坐着一名女巫。乍一看，我们可以断言画中的骨骼属于蜥脚类恐龙，但细节充满幻想。大骨架旁边还有一具较小的地狱独角兽骨架，由另一名男巫骑乘。[17]虽然这幅画是出于幻想，但有一个细节暗示了背后的科学愿望。在最右边，一个男人正在设法弄清楚两块巨大的骨头怎么才能组合在一起，仿佛古生物学家。

1613年，传闻法国东南部省份多芬的建筑工人在刻有“泰托巴豪斯”（Teutobochus）的墓中发现了巨型骨头。根据罗马历史学家的说法，泰托巴豪斯是一位身形巨大的日耳曼部落酋长，后被罗马将军马略（Marius）的军队俘虏。1618年，医生让·里奥兰（Jean Riolan）发表了一篇名为“巨人学”的论文，并在其中宣称从没有过如此巨大的人类，这类骨头必然是属于其他生物。

马尔坎托尼奥·拉伊蒙迪和阿戈斯蒂诺·韦内齐亚诺的版画《女巫的行列》(约 1520)。虽然画中的骨骼可能是出于想象，但还是体现出了科学家至少已经开始尝试通过骨骼复原史前动物。右边的人正在尝试将两块骨骼拼凑在一起

同年，著名的外科医生尼古拉斯·哈比科（Nicholas Habicot）回应说巨人确实存在，自古以来诸多作者都给出了证明，而且没有哪种已知的动物具有这样的骨骼。其他几位杰出的解剖学家和历史学家也加入了辩论，这场辩论持续了几个世纪[18]，直到所有人都同意骨骼来自史前生物，可能是大地獭。我们今天当然可以胸有成竹地确定骨骼来源，但那具骨骼已经遗失。

在近代早期的大部分时间里，巨大的骨头依然常常被当作巨人遗骸，不过也有例外。早期欧洲科学家也经常想到汉尼拔或者罗马人带来的大象。罗伯特·普洛特（Robert Plot）在 1677 年首次出版的《牛津郡自然史》(*Natural History of Oxfordshire*）里探讨了第一具很可能是属于恐龙的骨架。他说康沃尔教区挖出了一块庞大的大腿骨碎片，重约 8 千克。他认为这可能是大象的骨

头，但又补充说，在1666年的伦敦大火之后，圣玛丽伍尔教堂（St Mary Woolchurch）的遗址中也发现过从比例上看更大的骨头，后来在肯特郡的一家小酒馆里展出。他认为大象不太可能埋在教堂里，不过教堂有可能是建立在异教神庙的废墟上。他继续使用从圣经时代到当时的例子来证明人可以身材巨大。经过详细的讨论，他认为这是男人或女人的骨头。骨头没能保存下来，但书中精心绘制的插图让后世古生物学家认为这种生物是巨齿龙。普洛特也提到了几具类似的骨架，虽然是由别人挖掘，但他也亲眼所见，可见当时的人也许经常和恐龙骨骼打照面。

1726年，瑞士科学家约翰·雅各布·舍赫泽（Johann Jakob Scheuchzer）声称自己在瑞士巴登附近的奥宁根发现了一具比较完整的化石骨架，而且那是生活在大洪水之前的人类，当时挪亚（Noah）用方舟拯救了各类动物。他以这个人的命运对同代人发出了警告，还将其称为“洪水见证人”。[19]作为顽固不化的卫道士，他说化石是“最珍稀的纪念，死于洪水之人的骨架，代表着最初世界里被诅咒一代”。[20]在后来撰写的《神圣自然学》（*Physica sacra*，也称铜圣经，1731）德文版里，他引用了约翰·马丁·米勒（Johann Martin Miller）牧师为化石写下的对句，赫伯特·文特（Herbert Wendt）将它们翻译成了英文：

> 饱受折磨的古老骷髅，注定遭受诅咒，
> 你这块顽石，软化了这堕落一代的心。[21]

骨架仅略长于90厘米，与人类没有明显的相似之处。除却其

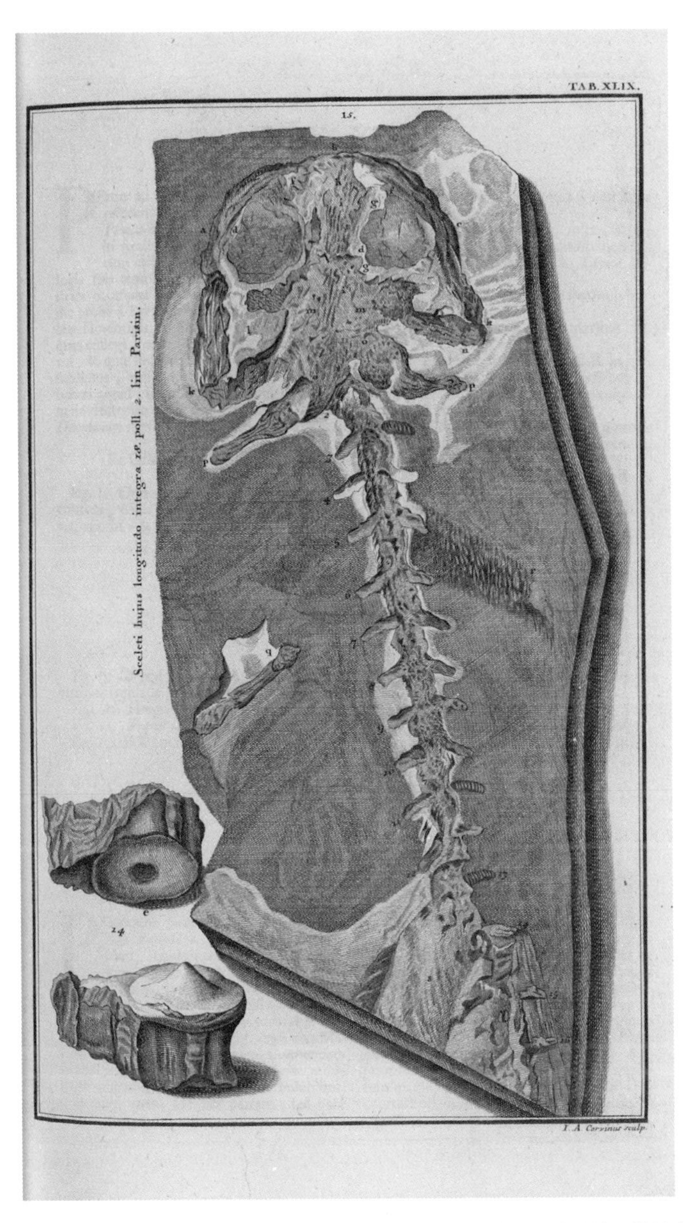

18 世纪早期的插图，展示了约翰·雅各布·舍赫泽笔下的洪水见证人骨骼，他认为这是死于大洪水的罪人。后来人们发现这是大蝾螈的骨骼

约翰·雅各布·舍赫泽《神圣自然学》（1731）中的插图，展示出了创造亚当的场景，也表明舍赫泽和其他人都会将《圣经》故事和自然历史混为一谈。在神话中，最初的人类从光中诞生，但是背景里的陆地景象又很自然。前面的胚胎代表着后来的世代，而且正在为自己的命运而哭泣

他身份，舍赫泽本身是一名讲解过解剖学的医生，但他并不在意化石头部与人类头部几乎没有相似之处，而且在比例上和身体相比过大。在19世纪早期，乔治·居维叶（Georges Cuvier）将化石鉴定为巨大的史前蝾螈，从此以后世人一直在嘲笑舍赫泽的错误。

人们以前经常将化石骨骼看作巨人遗骸，但如果舍赫泽的发现的确是人类，那就必然是小孩（舍赫泽反复否认这个看法），或者是侏儒。舍赫泽无法将骨骼鉴定成“恐龙”或其他史前动物，因为当时还没有相关概念。此外，他坚信所有化石都是在挪亚洪水期间形成，绝无可能是在洪水之前或者之后。他可能认为这个生物因为堕落而失去了人的形态，就跟堕落天使变成野兽的传统相差不远。可见这是在警告人类不要将自己的地位视为理所当然，邪恶可能会让人沦丧。

舍赫泽知识渊博、求知欲旺盛、充满想象力，但研究方法并不科学，而且不注意细节。《神圣自然学》的一幅图例中有所罗门王（King Solomon）从异国土地上带来的两只灵长类动物和一只孔雀，他在中间插入了一具更加随意的骷髅，但又奇妙地显示出了恐龙的形态。舍赫泽热爱复杂的暗喻，会在其中同时应用科学观察和《圣经》故事，但这幅画特别让人费解。猿猴在枣树下密切注视着对方，可能暗示着伊甸园中的亚当和夏娃。其中一个显然是黑猩猩；另一个明显是狒狒，但书中文字将它含糊地称为“海猫”（meer-katze）*。这个词现在是指土拨鼠，但当时通常是指各类由船运输来的灵长类动物或类似的动物。

---

* 当时非洲的猴子是用船运到欧洲，欧洲人觉得它们挺像猫，所以叫海猫。

灵长类动物上方是一幅巨大的骷髅插图。文字表示这是“海猫”的骨架，但看起来和狒狒或其他灵长类动物毫无关系。骨架完全呈站立姿态，甚至满心欢喜地竖立起来，仰望天空。但它的脊柱延伸成了支撑身体的长尾巴，和蜥蜴十分相似，完全不是灵长类动物的形态。后肢虽然是直立的姿势，但似乎平常是和脊柱垂直。前肢向外伸展并指向下方，表明手臂并不灵活。整个形象看起来都很别扭，但有一种奇特的得意氛围。

头骨的前部几乎平坦，没有吻部的痕迹，让人联想到洪水见证人。作者有可能是在尝试复原远古的罪人，而且参考了其他骨骼化石——舍赫泽是世界上藏品最多的化石收藏家之一。插图显示了《圣经》中洪水之后的场景，舍赫泽可能也和很多近代以前的人一样，认为猿猴是堕落的人类，像洪水见证人一样。舍赫泽性情古怪，但也颇有远见。不看头骨的话，这具骨架可能显示出了 19 世纪恐龙复原的前身，例如禽龙。

你可以说舍赫泽的著作和科幻小说一样无足轻重，但这种评价同样适用于从古至今的所有恐龙著作。人们似乎忍不住要为它们勾勒出比较完整的形象，但这项工作需要证据，而相关证据无论多么精细，整体而言都相当零碎。于是复原中混入了大量幻想和直觉。

儿童自有“独特天地”这个概念兴起于维多利亚时代，和发现恐龙的时间大致相同。资本主义的崛起推动公司寻求新市场，于是儿童有了自己的房间、风格、传说、习俗，或许最重要的一点是拥有了儿童书籍。一般看法是现实主义属于成年人，而幻想属于儿童。恐龙弥合了这道鸿沟，因为它们的形象将两者紧密结

约翰·舍赫泽《神圣自然学》(1731)中的插图。画中的隐喻一直晦涩不明。上面的骨架可能是他想要复原的死于洪水的古老罪人，其中结合了人类和猿猴的特征，还有一条长尾巴。左前方是一只狒狒，而右边是一只黑猩猩，但长着古怪的尾巴。它们坐在树下凝视对方的眼睛，象征着亚当和夏娃

合在一起。

舍赫泽的错误开创了贯穿恐龙研究的基本模式，直至今日也未断绝，笔者会在本书中努力阐明这一点。从某种意义上来说，我们依然认为它们几乎就是人类，就像“洪水之前的古老罪人”。换言之，恐龙是人类思考自身命运时最重要的自然界模板。我们并不是恐龙的后裔，我们的祖先只在漫画书和B级电影里和它们有过互动。但正是出于这些原因，我们更容易将它们的世界视为人类的一面镜子。

恐龙的灭绝与琐罗亚斯德教、犹太教、基督教中的世界末日文化产生了共鸣。它们庞大的体形和力量都暗示着史诗般的帝国和战争，甚至可能代表着末日决战。就连部分恐龙可能以鸟类形态幸存至今的观点也暗示着天选之民将得拯救。但是我们对世界末日的恐惧变得世俗化，恐龙的意义也随之改变。在19世纪末和20世纪初，恐龙常常是大企业的代名词，而它们最终消亡的命运似乎代表着无产阶级革命。它们和灭绝的联系后来又象征着核浩劫或生态崩溃的恐怖。除了身体巨大和年代古老这些基本的吸引力，恐龙如此流行的原因还在于它们的象征意义灵活多变，种种含义都可以套用，例如人类暴行、纯真、财富、工业化、失败、现代性、悲剧、灭绝等。

但这些东西终究都和恐龙没有太大关系。我们只是将自己的想法强加在它们无限神秘的生命之中。我不反对这一点，因为从其他生物身上挖掘象征意义是人类的天性，我也不能免俗。但我们在谈论文化粉饰后的恐龙时也要偶尔想到，不论是在过去还是现在，它们所代表的意义都远不止于此。

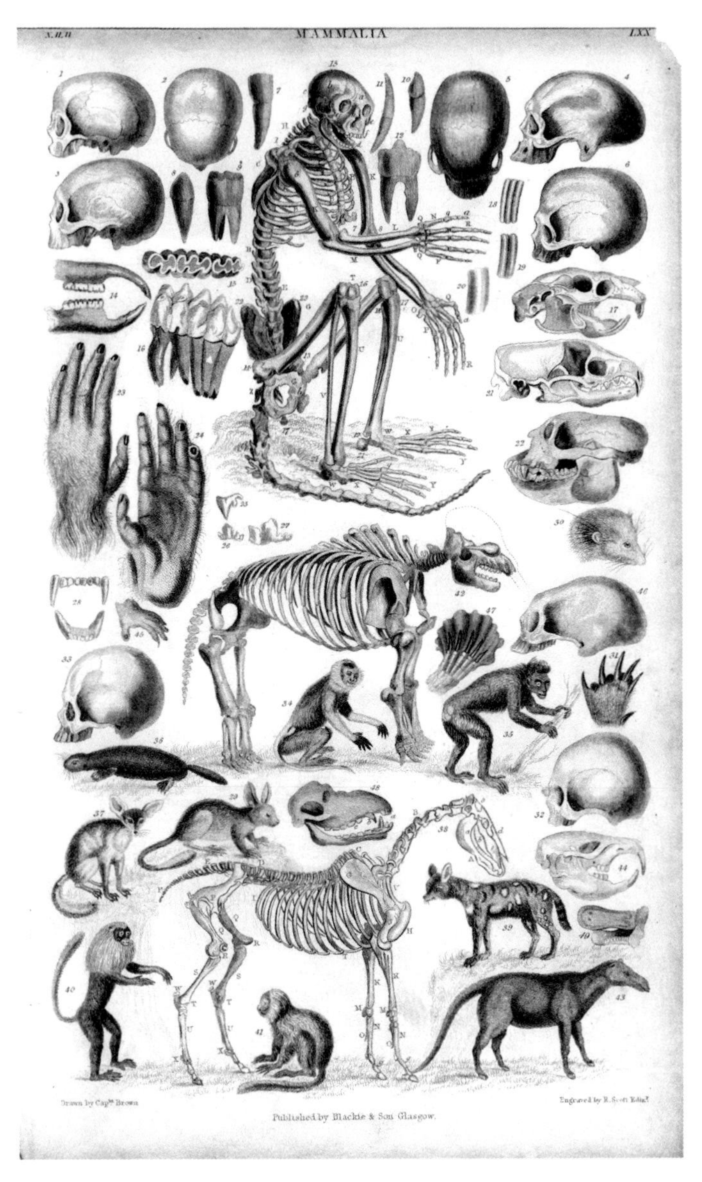

史前生物的骨骼，包括类人生物，来自19世纪中期出版的英国自然史书籍。当时人们已经发现了尼安德特人的遗骨，但并未彻底加以研究和鉴定。图中给尼安德特人添上了类似舍赫泽“古老罪人”的尾巴，可能只是因为尾巴代表着“野蛮”

骨骼之家

托尼·萨格（Tony Sarg）创作于1927年的石版画深入描绘了美国自然历史博物馆中现代人对恐龙的反应。这位德裔美国艺术家是20世纪初的木偶戏大师和插画家，他最出名的作品是在1927年率先为梅西感恩节大游行设计出的氦气球，包括菲利克斯猫和玩具士兵。自然历史博物馆主题的石版画来自萨格在20世纪20年代创作的一系列版画，用于展示纽约市的各个标志性区域。这10年被称作“咆哮的20年代”，当时的纽约常常被视为现代社会的缩影，时而广受赞颂，时而遭受谴责。这里有大企业、大型建筑，甚至有大恐龙。萨格的石版画完全没有我们对那个时代的刻板印象，例如轻佻女郎和私酒贩子。相反，画中人都很平凡，他们常常并不在乎帝国大厦或克莱斯勒大厦之类的地标建筑，只是埋头于自己的生活。

图中是展览恐龙和其他史前生物骨架的大厅，最显眼的是迷惑龙和暴龙，展示出了人们投射到这些骨骼上的敬畏、困惑和好奇。它体现出了就连这些感受都不能让人长时间集中注意力。图画中心附近是一名穿制服的导游，他指向装着三颗暴龙头骨的陈列箱，正在讲解，有点儿自命不凡。他有一个专心致志的小听众：一名拿着娃娃的小女孩。她在抬头看他，完全没注意恐龙。不远处有一位衣着光鲜的绅士，帽子掉到了地上，可能正在模仿恐龙，而他的同伴正在对此加以评判。在他们的左边，一名淘气的小男孩抢走了一名年纪更大的女孩的帽子，女孩正追着他不放。身着军装的两名男子正在操练。背景的长凳上，另外两名男

托尼·萨格创作于 1927 年的石版画，描绘了美国自然历史博物馆的恐龙。恐龙似乎让一些参观者感到转瞬即逝的敬畏，但大多数人很快就被其他东西吸引了注意力

布丰伯爵（Comte de Buffon）《自然史》（*Histoire Naturelle*，1786）中的长颈鹿插图。在创作这幅图画的50年前，巴黎动物园就已经引进了长颈鹿。夸大的身材和重量可能暗示着恐龙骨骼

子正在发呆，他们可能是流浪汉。正如萨格在石版画中描绘的一样，即使在恐龙骨骼这样最庄严的纪念碑面前，我们仍然忍不住注意力分散，这就是我们的天性。

中央偏左的迷惑龙是当时最大的恐龙，看起来似乎比男男女女都更聪明。恐龙的头骨上有两个位于鼻孔和眼睛之间的开口，即眶前孔。这只迷惑龙的眶前孔底部都有一个点，光影穿过头骨，形成类似于瞳孔的白点，恐龙通过它来审视着整个场景。正下方有一个男人弯腰阅读恐龙骨头的说明，而迷惑龙似乎俯视着他。在这里，人类仿佛是神秘的自然现象，而恐龙，尤其是迷惑龙，身怀纪念碑一样的尊严。我们会觉得迷惑龙，也许还有其他恐龙，其实在默默地嘲笑我们。

现代人都有一种挥之不去的感觉：生活琐碎又微不足道，消磨在扯淡和官僚作风之中。他们是中产阶级，无聊，没有英雄气魄，没有冒险精神。我们向来渴望迸发的激情、奉献、冲突、虔诚、邪恶和危险。我们对和平繁荣时期的眷恋远不及充满戏剧性的时代，从所罗门的耶路撒冷到亚历山大帝国，无一例外。野生动物之所以对我们充满吸引力，一部分原因就在于它们的生活从未远离死亡，似乎有我们自己所缺乏的戏剧性和直截了当。正如海伦·麦克唐纳（Helen Macdonald）所说："我们用动物来放大自己的性情，将它们作为简单又安全的港口，寄存我们心有所感却经常无从表达的事物。"[22] 恐龙在很多意义上都无限辉煌，而我们似乎可以通过与它们产生联系而产生与有荣焉之感。

田纳西州皮格佛格 441 号叛军呼号赛道上的恐龙雕塑，约翰·马戈利斯（John Margolies）创作。美国内战中的南方士兵会在冲刺的时候发出“叛军呼号”，有些学者推测这个举动可以追溯到凯尔特人的战呼。而这里的呼号是指暴龙的叫声

CHAPTER 2

神话之龙如何成了恐龙

……当夜幕遮蔽街道，彼列（Belial）的子孙便出来，趁着酒劲横行霸道。

——约翰·弥尔顿（John Milton）

《失乐园》（*Paradise Lost*）

“如果一棵树在森林中倒下，而周围无人聆听，那它是否会发出声音？”这个哲学思维实验在过去的几个世纪都有讨论，大学课堂上的讨论众说纷纭。那如果不是森林里倒下的树，而是在已消亡世界中咆哮的暴龙呢？如果周围没有人为它命名，这个生物真的是暴龙吗？它的声音真的是咆哮吗？就连只是描述这样一个生物，我们也在暗示有假想的人类观察者存在。我们是以人类的角度衡量，诉诸人类的感官、使用人类的分类并遵循人类的议题。你甚至可以说，想象中的见证人是一种殖民者，在为文明社会理解马丁·拉德威克口中的“深时”（deep time，人类尚未出现的亿万年时光）做好准备。今人时常研究远古事件，于是我们忘记了这件事对刚进入现代的人来说有多难理解。当时的人会用相当梦幻的方式幻想人类诞生之前的世界，游离于时间之外。

对19世纪初受过教育的欧洲人来说，巨大的史前野兽这个说法简直惊世骇俗，而如今的我们很难理解他们的惊讶。听惯了超自然故事的古人和中世纪人应该更容易理解这类生物，亚洲人更是不在话下，毕竟他们自古以来就会以深时看待世界。在早期炼金术士看来，巨大的野兽似乎也并不是特别难以接受，因为龙就象征着尘世物质的超自然化。但科学和宗教基要主义都有浮于表面的思维，这全方位限制了欧洲人想象出恐龙和其他远古生物的能力。

假设一个当代人带着暴龙的图画回到过去，画中的暴龙根据最新研究复原，可能身披鲜艳的羽毛。她想向17世纪受过高等教育的神职人员解释这个形象。那么另一个时代的主人首先会假设她口中的生物要么纯属虚构，要么还活着。如果现代人说暴龙生活在6500万年前但已经灭绝，那她的听众就会困惑不解。在20世纪初发明放射性碳测定之后，研究者才能够测定远古事件的发生时间。我们的时间旅行者恐怕很难解释清楚当代的时间概念，因为它们与物理关系密切，即使在今天，大多数人也难真正理解时间。神职人员可能会觉得，恐龙生活在很久很久以前的某个地方，例如像童话故事里的王国。

恐龙是巨大、原始、类似蜥蜴的生物，具有许多鸟类和哺乳动物的特征，它们自古以来就萦绕在人类的想象之中。恐龙研究改变了将各种特征合成某种怪物的古老传统，这个传统至少可以追溯到我们所谓的“文明”开端。它利用了很多欧洲探险家在异国发现的恶魔、怪物、半神和生物肖像。古生物学的兴起赋予了混合生物新的名字并将它们安置于遥远的时期，但某些方面却没有太大改变。

恐龙一直都是神话中的龙，现在依然如此，而且不一定是负面形象。亚洲龙是布雨者，也是太初之力的象征。炼金术中的龙代表着变化的力量。龙是威尔士的象征，许多贵族的家徽上都有龙。恐龙的形象在很大程度上也要归功于旅行者口中的故事，例如世界遥远角落的巨蛇和其他奇妙生物，这类故事在中世纪和文艺复兴时期已经相当普遍，并且随着大英帝国的扩张而长盛不衰。

龙，特别是西方的龙，都与在原始时代占据统治地位的自然力量有关：早期美索不达米亚人认为龙是恶魔提亚马特的孩子，希腊人认为龙是泰坦，挪威人认为龙是冰霜巨人，基督徒认为龙是异教的神灵。正如大卫·吉尔摩（David Gilmore）所说：

> 怪物都有些许遥远的气息，要么形态返祖，要么暗示时光倒流（例如暴龙）。所以与神秘的古希腊和古埃及一样，怪物对人类来说依然象征着远古，挖掘出了我们内心深处对远古过往时光的模糊记忆。[1]

卡德摩斯（Cadmus）或圣乔治等英雄的屠龙壮举标志着旧时代的终结和新时代的开端。

从许多方面来看，恐龙都是神话之龙在文化上的继承者，但

耶罗尼米斯·博斯的油画《人间乐园》中的伊甸园。基督教的传统认为伊甸园里没有掠食。博斯虽然是虔诚的教徒，但描绘了互相捕猎的动物。更重要的是，他的作品里透露出了一丝演化思想的痕迹：动物诞生于水中，然后逐渐具有了我们所熟悉的形态

衔尾蛇，出自亚伯拉罕·以利亚撒（Abraham Eleazar）的《古代化学作品》（*Uraltes Chymisches Werk*）（莱比锡，1760）。画中含着自己尾巴的巨蛇或龙是古埃及的形象，它在炼金术和艰涩的文献中频频出现，象征着永恒

人们直到19世纪才具有了“恐龙”的现代观念。这需要以非常复杂的方式将体验整合在一起，特别是对时间的体验，而恐龙在其中占据一席之地。首先，我们必须明确时间为线性。其次，要将时间划分为不同的时代。一开始是有历史记载的时间，随后是史前时间。世界的年代表逐渐扩大，而且越来越精确，直到有一段时间成为“恐龙时代”。最后，必须要认识到恐龙已经灭绝。

发现远古

看待时间的方法很多。印度教和佛教等亚洲宗教的传统观念认为改变属于幻觉。现代物理学将时间看作类似于空间的维度，

20 世纪早期的插画，印度教的黑天（Krishna）在大蛇卡利亚（Kaliya）头上舞蹈。很多图画都体现出了战胜爬行类对手代表着文明这个思想，这也是其中之一

这种概念通过科幻小说融入了流行文化。超弦理论认为世界的维度不止四个，而是至少有十个，通过“虫洞”进行时间旅行至少在理论上可行。正如神秘博士（Doctor Who）在名为“眨眼”（Blink）的一集里所说，我们可能会认为“时间是从因到果的严格进展过程，但实际上……它更像是一团乱的……大球”。

视时间呈线性的看法源自一神论大宗教：琐罗亚斯德教、犹太教、基督教等。它们都认为历史最终是善恶之间的世界末日大战，并以地球重获新生和正义得到救赎而告终。但即使这样的传统也存在循环。《圣经》提到旧世界被大洪水摧毁，随后上帝向挪亚宣告与人类结下新的誓约，继而重建了世界。对于基督的追随者而言，基督的出现代表着人与神之间的关系进入了另一个阶段，耶稣也被称为“新亚当”。

西方文化不是很接受线性时间观。人们不断重拾的时间观念是“永恒论”，即世界始终不变，所有变化都止于表面。季节、白天和黑夜，以及出生和死亡的自然节律就是证明。有些文化没有创世神话，它们经常把世界的开端置于时间之外。澳大利亚原住民认为世界形成于梦创时代（Dream Time），而当前的现实只是重复。印度教和相关宗教将时间划分为广阔的时代，每个时代都可持续数百万年，但永远重复。纳瓦霍人的创世神话认为在现在的世界之前有过四个世界，居住着似人又似虫者、燕子、蚱蜢和幻影的生物，有点儿像古生物学家在划分生物演化阶段。[2]

在古希腊诗人赫西俄德（Hesiod）创作于公元前 8 世纪的《神谱》（*Theogony*）中，大多数故事都发生在人类出现之前的远古。从许多方面来看，其中的观点都非常现代。故事里经常有地质剧变、奇妙的生物、宇宙战争、大风暴和火山。地质和天气都非常多变，生命也在不断变化。[3] 赫西俄德与现代观点最大的区别在于，他没有写明年代表。书中的事件从来都没有具体的时间，例如神与巨人之间的战争。实际上就连这些事件的顺序都不是很清楚。

即使开始构建线性历史，西方人也依然缺乏许多经验。直到现代，自然世界具有历史这件事似乎依然很难想象。就连普通人似乎也基本上被排除在历史之外。历史属于国王、将军、战士和领主。在中世纪描绘古代的图画中，人们穿着中世纪服装，手持中世纪的武器。例如，亚历山大大帝（Alexander the Great）可能会被描绘成穿着盔甲的骑士，手持长枪。几乎没有人意识到过去属于不同的时代，具有不同习俗、服装、技术等等。

18—19 世纪里发现的恐龙从根本上改变了西方人的时间观念，让他们的时间观更加广阔。阿尔马区大主教厄谢尔（Archbishop Ussher of Armagh）在 17 世纪中期根据《圣经》的说法计算出宇宙始于公元前 4004 年。他还为《圣经》中的所有事件详细列出了年表。在接下来的几个世纪中，许多家庭《圣经》的页眉上都附上了年表。厄谢尔的创新之处并非具体的年表，而是这些事件可能有具体时间的想法。曾经的主流时间观更加感性，依赖于体验和视觉想象。在现代早期，有关时间的思想越来越抽象，人们将日和年当作了客观的时间构架。

16 世纪，欧洲人仍然在《圣经·创世记》中寻找世界起源的基本理论，但可能没有现在这么基要主义。文字并不能非常准确地将象征性真理和哲学真理区分开来。《创世记》在大家眼中

老彼得·勃鲁盖尔（Pieter Bruegel the Elder）创作于1562年的画板油画《反叛天使的堕落》（*The Fall of the Rebel Angels*）。撒旦的爪牙跌落尘世，他们失去了人类的形态，成了更类似野兽的怪物。具体而言，他们身上出现了昆虫、爬行动物、鱼和甲壳类的特征

既是历史文献也是宗教文献，只有它记录了世界初始时的事件。《圣经》的细心读者意识到上帝直到创世的第四天才创造了太阳和月亮，区分了白天和黑夜。他们正确地推断出，创世的六天不一定每天都是24小时，而是无限延续。“天”是宇宙出现的阶段，每天都可能持续整个时代。

根据《圣经》里对阿撒泻勒（Azazel）等恶魔的暗喻，亚当诞生之前的一大事件便是撒旦及其仆从败落神手。老彼得·勃鲁

TAB. XXIX.
GENESIS Cap. III. v. 7.
Ficus Folium Nuditatis Tegmen.
I. Buch Mosis Cap. III. v. 7.
Das Feigenblatt ein Decke vor die Blöße.
H. Sperling sculp.

约翰·舍赫泽《神圣自然学》（1731）的插图，描述了亚当和夏娃。除了体现出《圣经》中的亚当和夏娃，这幅图也很接近科学事实

盖尔创作的《反叛天使的堕落》(1562)中体现出了“反向”演化。[4]除了有翅膀，天使就是理想化的人类。而反叛的天使被逐出天堂并坠入地狱时，他们变得更加多样，甚至非常古怪，逐渐出现了爬行动物、昆虫、软体动物、鱼类、两栖动物和猿类的特征。反叛者从天堂坠落是演化思想的早期版本。在恐龙概念形成的过程中，亚伯拉罕传统中的堕落天使就是最初的模板。但这是退变的演变，而19世纪的演化理念是进步。

这种转变最常见的形象是伊甸园之蛇，它在《圣经》里遭受了上帝的诅咒，只能用腹部在尘土中滑行。这种惩罚意味着蛇曾经直立行走。这至少可以看作是符合演化理论的一个象征，即蛇是失去腿的蜥蜴。中世纪和现代早期都有很多关于蛇在堕落前可以直立的想象，并且有些堕落前的形象和恐龙极为相似。

撒旦堪称暴龙的祖师爷，这在流行文化中特别有市场。据说这种巨大的兽脚类是恐龙的统帅，仿佛撒旦统治着反叛天使。在人们对暴龙的看法和命名方式中，我们依然可以看出弥尔顿的典型思维方式。恐龙的早期形象和它们爬行动物的特征，都在一定程度上无意识地参考了文艺复兴时期和现代早期的恶魔形象，而这份遗产的价值还远远没有完全发掘出来。

无 常

在莎士比亚(Shakespeare)的戏剧《皆大欢喜》(*As You Like It*)中，一个人物表示世界有近6000年的历史(第四幕第一场)，这是伊丽莎白时代的主流观点。莎士比亚可能对此深信不疑，不过他的作品中也有与之相反的迹象。我怀疑他和他心智敏锐的同代人具有地理时间直觉，即使当时这个概念还没有完全阐明，这也是他们沉迷于无常的部分原因。

莎士比亚在16世纪末的作品中多次提到了大跨度的地质时间，特别是十四行诗中，例如第六十四首*：

当我眼见前代的富丽和豪华
被时光的手毫不留情地磨灭；
当巍峨的塔我眼见沦为碎瓦，
连不朽的铜也不免一场浩劫；
当我眼见那欲壑难填的大海
一步一步把岸上的疆土侵蚀，
汪洋的水又渐渐被陆地覆盖，
失既变成了得，得又变成了失；
当我看见这一切扰攘和废兴，
或者连废兴一旦也化为乌有；
毁灭便教我再三这样地反省：
时光终要跑来把我的爱带走。
　　哦，多么致命的思想！它只能够
　　哭着去把那刻刻怕失去的占有。[5]

---

* ［英］莎士比亚：《莎士比亚十四行诗》，梁宗岱译，人民文学出版社，2020。

前四行重在历史时间，特别是强大文明的兴衰，但接下来五行的范围扩大到了地理时间。在最后的五行里，莎士比亚谈到了自己的生活，意境似乎一下变得无尽渺小又十分重要。

恐龙要在几百年后才会得到研究，但让我们试试用恐龙来解释这首诗，就当找找乐子。“前代”是恐龙时代。假设“巍峨的塔”指的是它们的庞大身躯，而“铜”指的是它们的骨骼。当然莎翁并没有这层意思，但这首诗仍然很有道理，基本含义没有太大的改变。恐龙雄壮无比，它们的死亡提醒我们万物无常，这正是抒情诗的伟大主题。

失乐园

约翰·弥尔顿的《失乐园》(1667—1674)比其他作品更深刻地体现出了人类对深邃时间的探究。这部史诗讲述了反叛天使的堕落和伊甸园中的诱惑。它将错综复杂的叙事放在遥远的过去，让读者的想象力为发现恐龙做好了准备，其中甚至还流露出了我们今天打造恐龙形象时的思维方式。弥尔顿在亚当和夏娃诞生之前的时代里安排了大量天使和魔鬼。他至少在一定程度上赋予了两者“人性”，让他们拥有姓名和个性。《失乐园》中充满了宏大的冲突、戏剧性的情节和令人敬畏的壮丽场景。书中着重描写了燃烧的湖泊、风暴和自然灾害，由此预见了后世科学家的看法，特别是居维叶的灾变说。

在《失乐园》中，撒旦刚刚利用蛇的形态诱惑了夏娃，实现了将她和亚当驱逐出天堂的阴谋。他回到了魔鬼王国，宣布了自

约翰·舍赫泽《神圣自然学》（1731）中的插图，展示出了伊甸园之蛇，而前景中是一条现代的蛇。《圣经》中，蛇因为能够言语而不同于其他动物。后面的蛇几乎就是一只恐龙

古斯塔夫·多雷（Gustave Doré）在 1866 年为《失乐园》创作的插图。与反叛天使战斗的天使军团在巡视崎岖山地，后面是遥远的地平线

古斯塔夫·多雷在1866年为《失乐园》创作的插图。撒旦在向爪牙炫耀自己命令蛇形生物引诱夏娃。他希望能听到掌声，但只听到了咝咝声，因为上帝将他和其他恶魔都变成了蛇

古斯塔夫·多雷在1866年为《失乐园》创作的插图。撒旦攀附在十分类似石灰岩的悬崖上，这种岩石会让后世的早期地质学家和古生物学家取得不少成果。注意，撒旦的翅膀类似于蝙蝠而不是鸟类

己的胜利，期待能听到热烈的掌声，但只惊讶地听到了嗞嗞声。上帝把他和其他恶魔都变成了蛇。[6] 人们在现代早期开始理解深时的时候，认为那时的居民并不是史前动物，而是恶魔和反叛的天使。我们几乎可以说是魔鬼变成了恐龙。当时弥尔顿史诗中的人类冒险如火如荼，于是他觉得自己不再需要用拟人的方式描绘魔鬼，而且这样做会削弱人类例外主义。在 19 世纪中后期里，涉及史前生物的作者经常会提到弥尔顿。

托马斯·霍金斯（Thomas Hawkins）拥有英国最令人钦羡的化石收藏，而且是伦敦地质学会备受尊敬的成员。他在《大海龙、鱼龙和蛇颈龙之书》（*The Book of the Great Sea-dragons, Ichthyosauri and Plesiosauri*，1840）中体现出了弥尔顿对自己产生的影响。在古生物学仍然是新奇事物的年代里，他引用了《失乐园》来展示神圣生命如何击败了反叛天使。他写道：

> 这些巨大海洋蛇颈龙的骨骼是来自邪恶灼热地狱（摩洛）*的遗骸，耶和华在暴怒中造访了这片恶土，用永恒的义愤旋风将之扫荡一空。每一个被诅咒的王国都应该以这种方式摧毁，它们万恶的王终于被驱逐到了人类心灵里的残垣断壁之中，从此万劫不复。[7]

对于霍金斯来说，原始蜥蜴确实是地球历史上的早期遗骸，

---

* 摩洛是古代地中海东岸地区的迦南神，据说信徒会将儿童放进摩洛的铜像里焚烧献祭。献祭的地方就是陀斐特（灼热地狱）。

阿道夫·弗朗索瓦·潘内马克（Adolphe François Pannemaker）1857 年创作的《原始世界》（*The Primitive World*）。与很多 19 世纪早期和中期的图画一样，这幅画作也描绘了燃烧天空下充满灾变意味的血腥捕猎场景。这是暗喻上帝在惩罚原始动物的野蛮

但它们不一定是史前动物，甚至可能还没有灭绝。他的作品可能率先表露出了今天仍然无处不在的一种幻想，即巨型蜥蜴曾与人类生活在一起。

弥尔顿最大的影响或许在于人们看待远古事件的方法。他在创作《失乐园》的时候已经失明，但这部作品在很大程度上要依赖于视觉想象。他的无韵诗具有庄严宏伟的节奏，但没有太大变化。撒旦、圣父、耶稣、亚当和夏娃等所有人物都用同一种腔调、句法和词汇叙事。不过这部史诗之所以能迸发出充沛的情感力量，是因为故事在一系列幻觉般的场景中层层铺开。这些都不

让－巴蒂斯特·德·梅迪纳（Jean-Baptiste de Medina）1688 年为《失乐园》创作的插图。天使加百列（Gabriel）在向亚当展示违背上帝后的未来。在第一版带插图的《失乐园》中，我们就已经可以看到广阔的恶地，地上布满岩石，后来的画家也会在表示远古时光时使用这种背景

是依靠缜密观察得来的景象，它们需要宇宙般广阔的想象，在广阔的空间和时间里自由驰骋。

第一版带插图的《失乐园》由迈克尔·伯吉斯（Michael Burgesse）雕刻，至少有部分场景由让－巴蒂斯特·德·梅迪纳设计。在这一版插图中，让小人物在广阔场景中做出戏剧性姿势的作画传统已经成熟，这类插图里一般要有黑暗的云朵、天体、出露岩石和茂密的植物。所有手法都有例可循。大约两个世纪以

来，弗拉芒艺术家都在广阔的背景中描绘宗教场景，通过宏伟的造物来彰显上帝的存在，例如光线透过树木的方式。背景经常也会和人物一样精心描绘，充满神圣意味。但《失乐园》的插图建立了一个流派，让人思考远在人类出现之前的故事。在接下来的两个世纪里，为《失乐园》作图的插画家都遵循了伯吉斯的手法，例如，约翰·马丁（John Martin）、威廉·布莱克（William Blake）和古斯塔夫·多雷。也许是出于巧合，亚当堕落的场景正好安排在早期古生物学家特别感兴趣的恶地之上。

在刚兴起的古生物学领域中，为《大海龙、鱼龙和蛇颈龙之书》绘制卷首的约翰·马丁成功宣扬了弥尔顿式幻象，甚至比霍金斯更为有力。马丁当时已经是颇受欢迎的艺术家，一门心思

约翰·马丁为《大海龙、鱼龙和蛇颈龙之书》（托马斯·霍金斯，1840）创作的卷首画。早期的史前生物形象通常有哥特式的恐怖感

约翰·马丁在1841年为《失乐园》创作的插图《堕落天使进入万魔殿》（*Fallen Angels Entering Pandemonium*）。如果这幅画的创作时间推迟一个世纪，那读者肯定会以为是科幻故事的插图，讲述了人类在险恶的火星着陆

描绘《圣经》里的大灾难。他的画作里经常有非常渺小的人类面对自然元素之怒。在与霍金斯合作前，马丁花费了大约15年时间为《失乐园》创作版画，而且成果丰硕。他使用大量明暗对照来展现沐浴在黑暗之中的奇幻热带景致，画中一片荒芜，只有极少数人物。在卷首画里，马丁将这种风格拓展到了史前生物的身上，让它们在阴郁的月光海岸上相互战斗、彼此吞食。利用类似的恐龙、翼龙和各种海洋生物场景，马丁也为其他早期古生物学

家的书籍创作过插图，例如吉迪恩·曼特尔和其他畅销书作者。凭借凸出的眼睛、紧绷的肌肉和血盆大口，这些生物至少在一代人心中奠定了史前生命的主流形象。

简而言之，弥尔顿的《失乐园》能够让读者想象出人类出现之前的世界。在 19 世纪的图画中，翼龙蝙蝠般的翅膀和西方的恶魔形象特别相似，但它们实际上是恐龙巨大的有翼亲属。早期的古生物学家威廉·巴克兰和小说家查尔斯·狄更斯（Charles Dickens）都将翼龙看作弥尔顿的撒旦。[8] 最重要的是，《失乐园》和几乎所有插图都反映出了时间和宇宙几乎无穷无尽这个观点。地平线似乎没有边际，最重要的人物往往十分渺小。

约翰·马丁创作于 1837 年的水彩画《禽龙之国》（*The Country of the Iguanodon*），是吉迪恩·曼特尔《地质奇观》（*The Wonders of Geology*）的卷首画，其中参考了浪漫主义艺术和宗教艺术的手法来描绘史前生物

作者们尝试着将《失乐园》中的基本场景与最近的古生物学发现结合起来，于是得到了史诗般的叙事，包括天使、恶魔、恐龙、猛犸象、先知等等。在畅销作品《早于亚当之人》（*Pre-Adamite Man*，1860）中，伊莎贝拉·邓肯（Isabella Duncan）指责弥尔顿行文过于夸张，还想通过古生物学和《圣经》来纠正他的错误。弥尔顿声称上帝创造人类是为了充实天堂，因为很多天使都在撒旦的叛乱中牺牲。邓肯更进一步认为《圣经》的头两个创造故事与亚当和夏娃无关，而是叙说了远在这之前的人类诞生。第一次创造中诞生的人类最终成为天使或恶魔，具体取决于他们的生活方式。根据当时的研究，她认为亚当之前的人和那个时代的动物已经被冰河时代彻底摧毁。虽然原始生物的巨大骨骼旁边发现了许多石斧和其他工具，但邓肯认为，当时的人类没有留下骨骼化石表明男人和女人都被送到了其他疆域。[9]

《失乐园》打破了许多人类中心主义传统，例如大多数人物都没有常见的人类弱点，而且往往只是与人类接近。不过从另一方面来看，《失乐园》将人类中心主义发挥到了前所未有的极致，其中大部分叙事都围绕着尚未诞生的人类展开。这为接下来几个世纪里的科普和专业科学书籍开了先河，即将地质学和进化论安置在宏大的史诗中，而史诗的高潮就是人类。

敬畏和惊奇

深时在人类心中激起了宗教般的敬畏，这和错综复杂的自然所带来的惊奇感融合在一起。针对地球和早期生物的研究并不是为了纠正宗教偏见，反而在很大程度上是因为宗教激情而展开。直到 19 世纪末，地质学和古生物学权威中的神职人员（至少也是非常虔诚的世俗人）比例都高得出奇，其中包括阿塔纳修斯·基歇尔（Athanasius Kircher）、托马斯·伯内特（Thomas Burnet）、罗伯特·普洛特、约翰·雅各布·舍赫泽、威廉·巴克兰、乔治·居维叶、亚当·塞奇维克（Adam Sedgwick）和威廉·科尼比尔（William Conybeare）。就连查尔斯·达尔文（Charles Darwin）年轻的时候也考虑过担任神职。其中很多人，例如舍赫泽和巴克兰，投身科研的初衷都是想要以科学进一步证明《圣经》，或者正如弥尔顿在《失乐园》开篇时写下的名句："向世人昭示上帝之道"。结果他们的成就反而摧毁了他们的计划。

1673 年，学识渊博的耶稣会成员阿塔纳修斯·基歇尔出版了《挪亚方舟》（*Arca Noë*）一书，他利用大洪水解释了当时世界上的许多特征。大洪水以前的时代是一个巨人时代，因此地球上会不时出现巨大的骨头。他还提出了一个早期灭绝理论，即一些动物没有登上方舟。这个观点在中世纪的画像中就有所体现。和其他《圣经》场景一样，当时的挪亚方舟图画非常模式化。猴子和欧洲人眼中的其他异域动物都很少出现。有时画中会展现独角兽进入方舟的场景，但龙和狮鹫没有这个待遇。基歇尔认为一部分原因是只有纯洁的动物可以得到拯救。因此，长颈鹿（当时被人称为"豹骆驼"）没有上船，因为它是豹和骆驼的混种，而犰狳是刺猬和乌龟的混种。基歇尔还认为龙在地下洞穴中幸存下来，所以出现在了圣乔治之类的故事中。[10] 基歇尔最大的贡献或许是将世界历史分为几个阶段：大洪水前、大洪水后和道成肉身之后。在接下来的几百年里，许多思想家都遵循这个基本理论，今天仍然有许多基要主义者将其奉为圭臬。

1681年，托马斯·伯内特出版了《地球的神圣理论》(*Sacred Theory of the Earth*)，他在书中提出，《圣经》里挪亚故事中的大洪水彻底改变了地球。首先，他认为全球水量都不足以完全淹没所有山脉，即使将大气层凝结水考虑在内也是如此，因此有水存在于空心的地球中。为了净化世界，上帝暂时打开了深渊，放出洪水，然后再次打开深渊之门，好让水在完成任务后消退。用伯内特的话来说，在一切都改变的时候，洪水是“一种自然的解构”。[11] 除了挪亚拯救的少数生物，所有人和动物都走上末路，而且曾经井井有条的地表为山脉和山谷所扭曲，一些不规则的地方充满了水，创造出河流和海洋。在洪水之前，地轴完全垂直，气候永远温和。而洪水过后，地轴倾斜，形成了明显的季节变化，扭曲的地表还造就了大风和风暴。地球也丧失了大部分原初的孕育能力，不能再和以前一样产生各种生命。如果没有洪水，那根本就不需要挪亚来保存地球上的生命。正如上帝用水摧毁了旧地球一样，现世也最终会被大火吞噬，而后由另一个世界取而代之。

虽然伯内特认为大洪水之前的世界完美、和谐、均匀，但它现在就像基歇尔所说，遍地各种怪象，从古代传说到恐龙骨骼不一而足。伯内特和基歇尔的理论都与弥尔顿的诗歌一样宏大，极富戏剧性，不论是在科学还是文学中都史无前例。他们并不认为遥远的过去无穷无尽，而是把它分成了几个有故事的时期。大约一个世纪后，研究者也会为这些时期填上恐龙。

18 世纪，瑞典植物学家卡尔·林奈（Carl Linnaeus）正身处一个和现在不太相同的时代，当时涌现出了大量新的发现和推测，似乎就要将思想的基石拖入一片混乱之中。新发现的类人猿和原住民（两者经常混淆）动摇了早期科学家，让他们开始重新考虑人类的本质。欧洲人从未见过的奇怪生物也开始走入他们的视线，例如犰狳和负鼠，证明生命的多样性远超所有人的想象。最重要的是，土地里埋藏着巨大的骨头，显微镜下也发现了大量生物。林奈希望能创造出科学界有史以来最详尽的分类方法，好厘清这一片混乱的大量生物。这个分级系统将所有动植物都归入了七个级别，好对应《圣经》的创世时间。这使得最奇怪的生物也似乎变得正常起来，而重大的变化似乎都是虚幻。林奈将自己视为新的亚当，通过命名动物赋予它们秩序。林奈发表第一版《自然系统》（*Systema Naturae*，1735）之后，人们才有了物种的概念。很多人认为物种都固定不变。然而，地质考察不断发现全新的动植物化石遗骸，与已知的任何化石都不大相同。

物种灭绝和深时的概念关系紧密。古代文化认为生物性质处于明显的流动状态，例如他们的故事里经常有人和动物的形态相互转化。尽管中世纪和文艺复兴时期的思想对物种有一定认识，但在林奈之前，没有人能明确地将物种视为生物分层类别中最底层的单位。许多艺术家希望能在挪亚方舟的图画中将所有现生动物一一呈现，而基歇尔等少数作者甚至想要将它们全部塞进方舟之中。乔治·居维叶在《地球理论随笔》（*Essay on the Theory of the Earth*，法文版，1813）中提出的灭绝理论（也称“灾变论”）让许多人都深感困扰。

崇　高

最初发现恐龙的时期里，浪漫主义运动如火如荼，崇高的美学也随之而来。这种理念与纯粹美这种新古典主义理念形成了鲜明对比，后者的基础是比例和谐和静思。埃德蒙·伯克（Edmund Burke）在1757年出版的《关于我们崇高与美观念之根源的哲学探讨》（*Philosophical Enquiry into the Origin of Our Ideas of the Sublime and Beautiful*）中提出，崇高的最终基础是恐惧。这种感觉由宏大的事物所引起。田园风光与人工花园可能很美丽，但恶劣和令人生畏的景观才是崇高。[12]

深时的发现在很大程度上也是浪漫主义对现代世界的回应。工业化的快速发展让人对遥远的过去生出怀旧之情，这似乎更加自然真实。随着乡村不断遭到破坏，这种心态也变得更加极端。华兹华斯（Wordsworth）和济慈（Keats）等诗人的田园静思不再流行。丁尼生（Tennyson）等作家、多雷等插画家以及透纳（Turner）和德拉克洛瓦（Delacroix）等画家展现出了人与自然之间史诗般的冲突。探险家不断发回的见闻似乎驳斥了更多的田园幻想，原始森林里充斥着可怕的蛇怪和食人族。恐龙成了人们对原始时代恐惧和迷恋的缩影。

最重要的是，浪漫主义艺术家和诗人们在嶙峋的地质构造中看到了崇高，例如苏格兰的荒野和瑞士的山脉，后者尤其引人注意。拜伦（Byron）和丁尼生等诗人对它们充满热爱。它们是众多著名文学作品的舞台，如玛丽·雪莱（Mary Shelley）的《弗兰肯斯坦》（*Frankenstein*）、艾米莉·勃朗特（Emily Brontë）

的《呼啸山庄》(*Wuthering Heights*)、沃尔特·司各特(Walter Scott)的《拉美莫尔的新娘》(*The Bride of Lammermoor*),以及无数流行的哥特小说。一个多世纪以来,诗人都在包含社会责任的美学和要求自我隔绝的崇高之间摇摆不定。人们所推崇的地方正是詹姆斯·赫顿(James Hutton)和查尔斯·莱尔(Charles Lyell)等早期地质学家以及居维叶等古生物学家的关注所在。这可不是巧合。对深时的认识引发了敬畏。遥远的时间是崇高之境,而恐龙就是其中的神灵。对现代资产阶级的狭小深感失望的人眼里,它们似乎体现出了史诗般的生活。

丹尼尔·沃斯特(Daniel Worster)写道:

> 加拉帕戈斯群岛或安第斯山脉可能让达尔文尤感欣喜,因为它们是蛮荒之地,而恐惧是他和同时代人在情感规训后产生的心态。19世纪30年代,大西洋两岸都涌起了探索自然的冲动,特别是让人心生畏惧的经历。[13]

与诗人一样,这个时代的科学家也希望在对抗自然的狂暴和野蛮中成为自然的一员。自然的暴虐体现在风暴、地震、洪水和火山之中,早期地质学家和古生物学家也非常看重这些现象。在更加平凡的日子里,最重要的表现就变成动物之间的捕食和其他冲突。从深时的角度来看,物种灭绝也是一个引人注目的表现,乔治·居维叶也在自己的著作中提出了这一点。最适合将这些主题融为一体的画面自然是掠食性恐龙和猎物搏斗,背景也许是火红天空下的火山。

1859年，达尔文的《物种起源》(*On the Origin of Species*)最终提出了“生存斗争”这个概念，赋予了遥远年代的事件高度戏剧性。其中包括种群竞争、生物家庭等之间的竞争。它们反过来又可以用在人类身上。如果巨齿龙与禽龙战斗，人类可能会选择为某一边加油。鳄鱼、两栖动物、恐龙和哺乳动物就像争夺霸权的国家。

弥尔顿开创了描绘史前时代的新风格，包括恶地、广阔的地平线、致命的冲突、强大的人物以及强烈但简单的情感。今天恐龙的视觉艺术仍然遵循着这些原则。在这个世界里，一切都有史诗般的规模，一切都充满危险，没有微不足道之物，让我们摆脱了日常生活中的平凡琐碎。

CHAPTER 3

庞大先生和凶暴先生

> 我愿以生命最初的10年交换暴龙伫立于中央公园榆树林里的场景，它的嘴里还得叼一匹嘶鸣的摩根警马。我们对自然的渴求总是无穷无尽。
>
> ——爱德华·艾比（Edward Abbey）
>
> 《顺流而下》(*Down the River*)

在许多文化中，传统的地狱入口都是有锋利牙齿的大嘴。成为猎物是死亡的常见比喻。掠食也是生命的隐喻，因为我们依靠食用其他生物为生。在追逐的紧张中，掠食又体现出了另一种更积极的隐喻，因此生命往往被视为一场追寻。文化人类学家沃尔特·布尔克特（Walter Burkert）甚至在《神圣的创造》(*Creation of the Sacred*，1996）中提出，人类的故事可以追溯到追逐，人类文化亦然。捕猎和受到捕猎的威胁是早期人类的普遍经历，直到今天也很容易引起激烈的情绪。

地狱入口，出自 1440 年的《克利夫斯的凯瑟琳的时光》(*the Hours of Catherine of Cleves*)。中世纪的人经常会将阴间入口描绘成吞噬罪人的大嘴

牧民和农夫看待动物的方式截然相反。对牧民而言，掠食者是生存永恒的威胁。而在农夫眼里，掠食者是天赐之福，因为它们会杀死毁坏庄稼的动物。这两个群体之间的对立正是《圣经》中第一起谋杀的基础：农夫该隐（Cain）杀死了牧羊人亚伯（Abel）。而人类与狗的结盟让对立变得更加复杂，狗是掠食者，但学会了捍卫羊。不过对立的基调依然贯穿整个历史，群居动物和掠食者仍然存在冲突。在大多数情况下，从领地上攫取财富的领主和贵族以狼、熊和狮子等食肉动物为标志。而照看家畜，而且可能希望社会更加平等的农夫感觉食草动物更为亲切，例如牛羊。

过往伊甸的怀旧形象还伴随着一种反神话，即生命始于永不停息的暴力和掠夺。地球曾经由怪兽一样的掠食者支配，它们通常具有爬行动物的形象，会不断地吞噬所有事物。这类怪物包括埃及的阿波菲斯（Apophis）、美索不达米亚的提亚马特之子、希腊的泰坦巨人和瑣罗亚斯德教的阿里曼仆从。例如，在希腊神话中，乌拉诺斯（Uranus）会吃掉自己刚出生的孩子，许多掠食者也具有这种习性。他的妻子盖亚（Gaia）拯救了一个孩子克洛诺斯（Cronos），他后来推翻了乌拉诺斯，但也会吃掉自己的后代。这些神话都表达出了一种观点：在神和英雄的努力下，世界逐渐变得更加文明，但依然保留着原始的暴力，这种暴力随时都有可能爆发并使世界重新陷入混乱。

许多亚伯拉罕传统将男人和女人的原罪与动物的食肉活动联系起来。在最初的伊甸园故事中，所有的动物曾经驯顺平和。它们不仅不会互相捕食，而且还能像人一样说话，所以蛇第一次和夏娃打招呼时并不让人奇怪。传统都认为，动物本来不会互相捕

波兰卢宾的弗罗茨瓦夫公园，一名男孩坐在暴龙的嘴里。我们对恐龙的迷恋总是在很大程度上来自它们的暴虐，即使身为猎物，也会感到一种矛盾的吸引力

食，是在被挪亚从洪水中拯救出来、上帝宣告与人类缔结新誓约之后，事情才有了改变。否则它们会在方舟里互食。先知以赛亚（Isaiah）预言食肉动物和猎物会达成和解：“豺狼必与羊羔同食，狮子必吃草与牛一样……在我圣山的遍处，这一切都不伤人不害物。”［《耶路撒冷圣经》（Jerusalem Bible）］中世纪的基督教理念通常认为地狱是不断捕食之地，恶魔永远在烹饪、吞噬和消灭罪人。

18 世纪和 19 世纪，随着现代地质学的兴起和恐龙的发现，人们开始将原始时代想象成一个混乱和暴力不断的时代，当时的怪物从不停止争斗和互食。接下来的时代逐渐产生了“文明”，最终在现代欧洲社会达到顶峰。虽然禽龙等部分恐龙是以食草动物为原型，但它们的形象也常常具有锋利的牙齿，并摆出威胁的姿势。随着达尔文进化论的出现，生存本身也成了掠食的一种形式，因为它必须牺牲其他竞争生物。

对于 19 世纪的西方人而言，部分动物要以其他动物为食的原因不仅仅是科学问题，更是形而上学的问题，这种思想在英国人身上尤其明显。对自然的研究仍然在很大程度上受到自然神学的驱动，后者旨在揭示自然界的神圣计划并证明上帝的智慧。从这个角度来看，就连肉食者的存在也似乎是宇宙本质的缺陷，体现出了宇宙本质中的残酷。威廉·佩利（William Paley）在《自然神学》（*Natural Theology*）一书中对这个学派做出了定义：“这个主题……彼此吞噬的动物是神性造物的主要代表，甚至可能是唯一的代表，它们体现出了充满设计印记的系统，其中功用性的特征值得怀疑。”[1] 他花费了很大篇幅来讨论这个问题，提出死亡是必要的环节，因为世界无法支持无穷无尽的生物。鲱鱼或鲤科小鱼等某些物种的强大繁殖力要求掠食者来控制它们的数量，以免它们让世界不堪重负。最后，与慢慢死于疾病或饥饿相比，掠食者赋予的死亡算得上比较仁慈。

这些观点自然与佩利的主要论点一致，即自然界的所有特征是协调一致的，因此所有生命都可以共同繁荣，他认为这是上帝智慧和仁慈的证明。这个观点在某种程度上说得通，但考虑到世界上的种种磨难时，这又很难让人在情感上感到满意。就连佩利本人也不是非常满意，这让他的笔触平添了一丝忧郁，在热情和分析式的超然间摇摆。他承认自己无法完全解决这个问题，并说“可能还有很多我们所不知道的理由”。[2]《大英百科全书》（*Encyclopedia Britannica*）的第一名编辑威廉·斯梅利（William Smellie）更直白地表达了自己的痛苦：“几乎整个自然界里……只有个体的掠夺和毁灭才是主流。”他提出了类似佩利的论点，即某些生物的毁灭可能会给其他生物带来更大好处，但他仍然不得不发问：“为什么大自然要建立这么残忍的系统？为什么它要让某种动物必须依靠毁灭其他动物生存？”他随后坦陈自己在这个谜题面前无能为力：“这样的问题没有答案，也不用期待答案。只有至高的存在可以解开这个谜团。”[3]

19世纪，许多人都将老虎之类的掠食者视为恶魔，即使这种蔑视往往也夹杂着对它们美丽的赞叹。狼在欧洲的大部分地区几乎都因捕猎而灭绝，在美国亦是如此。为世界消灭大型掠食者的运动成了一场道德十字军运动，会杀死牲畜的掠食者更是首当其冲。生活着鱼龙和蛇颈龙的海洋最初被看作肆无忌惮的掠食之地，只有“吃和被吃”。19世纪早期的图画中，原始怪兽们毫不含糊地彼此搏杀，战斗程度之激烈，让人不禁疑心这些生物都活不到成年。说来凑巧，在发现恐龙的年代里，龙、魔鬼和天使的信仰也开始消退。于是恐龙不可避免地填补了它们留下的空缺，继承了这三位前辈的象征意义。

巨齿龙和禽龙

我们对恐龙的看法源自两种原型，一是凶猛的食肉动物，二是巨大的植食性动物。这种模式可以追溯到最初发现的两种恐龙，它们大约都是在 19 世纪 20 年代初期发现于英国。巨齿龙是与暴龙有亲缘关系的掠食者，在 1824 年由威廉·巴克兰命名；而禽龙是巨大的植食性动物，大约两年后由吉迪恩·曼特尔命名。在接下来的几十年里，这两种恐龙的曝光率都相当高，而且总是同时出现，于是一同塑造了恐龙的公众形象。

巴克兰在牛津郡发现的巨齿龙骨骼和所有早期恐龙化石一样零落破碎，但巴克兰根据下颌确定它是肉食性爬行动物。他认为这是大型巨蜥。居维叶在此基础上估计其体长约 12 米。巴克兰的朋友威廉·科尼比尔在讲座中进行了如下描述：

> 在蜥蜴一般的头部上有鳄鱼的牙齿，奇长无比的脖子仿佛巨蛇的身体，躯干和尾部具有普通四足动物的比例，肋骨类似变色龙，还有鲸一样的鳍状肢。[4]

但是没人知道怎么才能描绘出这样的生物，而流行的出版物使用了传统的形象，以方便读者识别。

虽然是最早得到命名的恐龙，但巨齿龙并没有像我们想象的那样立即引起轰动。原因之一是这种巨大的史前蜥蜴太过新奇，让人很难接受。另一个原因是，当时的通信速度远远慢于 19 世纪晚期，和现在相比更是无法相提并论。当时第一条铁路刚刚建成，但仍然处于试验阶段，还没有广泛应用。印刷工作仍然比较辛苦。还有一个原因是，一想到巨型掠食者曾经独霸地球，甚至没有可以匹敌的对手，就会让人颇为烦扰，这种想法甚至在暗示魔鬼的存在。

但是巨齿龙有一个强大的对手在暗中等待。当时人们通常认为新动物只有大小和现生动物不同。化石猎人玛丽·安·曼特尔（Mary Ann Mantell）发现了一颗巨大的牙齿，她将它交给了丈夫吉迪恩·曼特尔。吉迪恩认为这颗牙齿与鬣蜥的非常相似，但要大得多。还有一条大腿骨和牙齿一道出土，比巨齿龙的大腿骨还要粗一倍。吉迪恩将这种生物命名为禽龙，意为“鬣蜥牙”。从鬣蜥牙齿的大小和长度比例推断，他最初估计禽龙长约 30.5 米。[5] 发现部分鬣蜥有角之后，曼特尔将禽龙的一只足爪安放到了鼻子上，让它看起来和犀牛有些相似。

禽龙和巨齿龙曾以近乎不朽的方式表达出了贯穿维多利亚时代文化的主流思潮：野蛮与文明之间的冲突。在约翰·马丁等艺术家笔下，鱼龙和蛇颈龙之战就直白地展现出了早期生命中无所不在的暴力。这两种生物通常都在激烈争斗，或者其中一种在吞食对方的尸体。巨齿龙和禽龙的冲突有些微妙。它们有时候确实以命相搏，例如约翰·马丁为吉迪恩·曼特尔的《地质奇观》

《盖特利的世界发展：地球形成和人类进步通史》（*Gately's World's Progress: A General History of the Earth's Construction and of the Advancement of Mankind*）[1865，C. E. 比尔（C. E. Beale）编辑] 的插图，展示出了禽龙和巨齿龙的战斗。几十年前，吉迪恩·曼特尔根据牙齿形态提出禽龙属于植食性动物，但公众大多认为遥远时光里的世界是肉食动物的乱斗场

（1838）创作的卷首画《禽龙之国》。其中禽龙显然战胜了巨齿龙，而且正在碾压对方，但另一只巨齿龙从背后发起了攻击。

更常见的场景是这两只恐龙近在咫尺，但只有剑拔弩张的暗示。乔治·尼布斯（George Nibbs）为《诗与散文小品》[*Sketches in Prose and Verse*，乔治·理查森（George Richardson）著，1838] 创作的卷首画就是一个典型，其中前景里有一只显眼的禽龙。它笑容灿烂地凝视着一对鱼龙。在阴暗的背景下，一只巨齿龙以看似有威胁、实则以虚弱无力的姿势旁观。其中传递的信息是，平和的禽龙是这个领域的王者，许多食肉动物妄图挑战它但无能为

巨齿龙在和禽龙战斗，出自詹姆斯·W. 比尔（J. W. Buel）的《海洋和陆地》（*Sea and Land*，1897）。有了史前生物，维多利亚时代的艺术家就有了借口随心沉浸在血腥和恐怖的画面里，这与中世纪晚期对地狱的描绘和现代恐怖电影都有相似之处

费尔南·贝尼耶（Fernand Besnier）为《人类诞生之前的世界》[*Le Monde avant la création de l'homme*，卡米耶·弗拉马利翁（Camille Flammarion）著，1886] 创作的卷首画。很多书都认为中生代里充满无限制的暴力和掠夺。画中的所有动物似乎都准备着要将其他生物撕碎，就连植食性的禽龙也不例外

力。正如理查森为一幅插图所写的说明："庞大的禽龙……好像不容置疑的王者，统治着荒野和奇景。"[6] 这幅插图为读者展示了吉迪恩·曼特尔发现的化石。禽龙仿佛是统治着世界遥远角落中异国土地的大英帝国。最终，遥远时代的一些场景甚至开始借鉴田园牧歌的氛围，反映出了维多利亚时代对家庭生活的理想化。在弗朗兹·昂格尔（Franz Unger）的《原始世界》（*The Primitive World*，1851）插图中，苍翠雨林中生活着一家禽龙，它们的日子安全无虞，所以可以消遣起来。两只幼年禽龙像小狗

一样在母亲背后嬉戏。[7]

1854 年，在伦敦水晶宫展出的雕塑首次让公众广泛关注起了恐龙，展出的重点是两只禽龙和一只巨齿龙。和直至今日的所有恐龙展览一样，它们也必须在娱乐和教育之间保持精妙的平衡。展览中不能说故事，或者只能将故事克制在最低限度。为免出现耸人听闻的暗示，恐龙都保持着中规中矩的姿势，彼此之间也没有什么联系。巨齿龙从远处凝视着一只禽龙，像老虎一样蹲伏。而禽龙平静地看向其他方向，对所有挑战都胸有成竹。暴力暗涌，但没有明面上的冲突。其中一部分原因是不能让公众感到威胁，特别是儿童。当时的漫画认为虽然只是游乐场里的惊吓，但这些模型还是让人感到害怕。托马斯·霍金斯和约翰·马丁等

乔治·尼布斯为《诗与散文小品》（乔治·理查森著，1838）创作的卷首画。禽龙表现得很亲切，因为没有哪种动物敢挑战它的权威

1860 年，在伦敦水晶宫里展出的恐龙。恐龙模型安置在非常欣欣向荣的场景里，可能是为了软化它们的凶暴

人在史前世界中描绘了无休止的暴力，这些模型让人从中喘了口气。但疏离感可能会使这些生物看起来有点儿僵硬和无精打采。

暴龙和三角龙

在大众眼中，最能代表恐龙（也间接体现出了人类形象）的便是暴龙，它的形象广泛传播。如今网络连接失败时，电脑屏幕上通常就会出现略带忧郁的暴龙，以及一则道歉。大卫·霍恩（David Hone）写道："可能没有哪种学名能和暴龙一样名扬天下……头顶这个名字的自然就是大众心中最受欢迎和最著名的恐龙。"[8] 这种说法过于夸张，但也很常见，其中透露出了一些我们对自己的看法。其他恐龙也像暴龙一样经常出现在文字和图画中，但都不能唤起和暴龙一样的恐惧和欣赏。我们人类可能希望至少能将一部分毁灭自然的罪恶感投射到其他生物身上。我们可能也渴望驯化这种已经灭绝的凶猛怪物，正如祖先驯服恶狼，将暴龙做成可爱的儿童玩具就可以体现出这一点。

三角龙发现于 1887 年，并在第二年由奥塞内尔・马什命名。暴龙零散的骨骼最初是在 19 世纪 90 年代出土，直到 1905 年才得到命名。它们在巨齿龙和禽龙的热度开始消退时声名鹊起。我们提到了四种恐龙，但其中只有两种是恐龙形象的原型：凶暴先

伦敦水晶宫里的鱼龙模型。不知是不是有意为之，模型在水位上涨的时候只露出吻部和部分背部，看起来完全是水生动物。而水位下降之后，看起来又基本上是陆生动物

查尔斯·奈特（Charles Knight）1897年的画作，展现出了水中的雷龙和陆地上的梁龙。这幅画采用了印象派风格，也成了后来无数梁龙和雷龙作品的范本

生和庞大先生。前者是巨大的掠食者，拥有巨大的颌部、锋利的牙齿和强大的爪子。后者是硕大的植食性动物，它们也许天生就有令人生畏的武器，但也可能会依靠庞大的体形保护自己。与前辈不同，暴龙和三角龙几乎势均力敌，至少大众传媒赋予了它们这样的形象。这一对恐龙的形象很快就成了套路。它们常常面对面，但尚未展开战斗，仿佛冻结在时间之中，也没有任何迹象表明谁会取得最终的胜利。迪士尼的电影《幻想曲》（*Fantasia*，1940）是一个例外，其中暴龙获胜，但很快就被自然灾害打败。

在19世纪末至20世纪中期，查尔斯·奈特为芝加哥的菲尔德自然历史博物馆和纽约的美国自然历史博物馆绘制了很多恐

老照片，拍摄了本杰明·沃特豪斯·霍金斯的恐龙模型，来自弗朗兹·昂格尔的《原始世界》(1859)。禽龙昂起的头部表明它们凌驾于其他恐龙之上

龙壁画。自本杰明·沃特豪斯·霍金斯（Benjamin Waterhouse Hawkins）创作的水晶宫恐龙雕塑之后，当属这些壁画对恐龙公众形象的影响最大，其他恐龙作品都望尘莫及。它们都规模恢宏，将奇景与教育融为一体，而且以十分相似的方式解决了这些目的之间的矛盾。杀戮可能会吸引公众，而且符合恐龙作为原始兽性化身的形象，但并不适用于主要针对儿童的展览。

20 世纪 20 年代早期，奈特为菲尔德自然历史博物馆绘制了暴龙对峙三角龙的壁画，这仍然是最具代表性的恐龙艺术品。正如前辈沃特豪斯·霍金斯一样，奈特选择委婉地展示出暴力。画面中没有这两头巨兽展开战斗的实际表现。即使是暴龙也不太可能会挑战这样强大的对手，除非三角龙明显因为疾病或年老而衰弱。在奈特的壁画中，它们相距甚远，彼此凝视，也许彼此在估计对方的体格。画面的暗示足以拨动观众心弦，同时也没有触及科学和观众感情那根敏感的神经。这是凝固在时间里的一瞬，和摆拍有些相似。

当时主要的政府建筑和商业中心都常常会推出风格相似的壁画，展示历史和神话中的传奇人物。这种作品特别受法西斯主义者的欢迎，但在美国和英国也很常见。它们表达出了意识形态所有的无边野心。这是一个迷恋庞大事物的时代，但只有恐龙才能在如此宏大的笔触下不显得过于夸张。暴龙和三角龙远远凝视着对方，仿佛是平静之下全副武装又剑拔弩张的超级大国。

异特龙和重龙

美国自然历史博物馆正门的前庭有一组恐龙骨架，展示着掠食者和猎物之间戏剧性的对峙。迷惑龙身形苗条的亲戚重龙人立而起，高度惊人。在它面前是一只异特龙，这是暴龙的早期亲戚。还有一只幼年重龙正在窥视巨兽的尾巴上方。更大的重龙是小重龙的母亲，它想要踏碎前肢下的异特龙，但是对手也很有毅力，准备绕到它后面去抓走幼龙。谁会成功呢？与暴龙和三角龙之间的对抗不同，这场战斗的决定性因素不是战略，而是蛮力。像前者一样，最后不一定会出现暴力。虽然悬念足以令人兴奋，但是重龙妈妈似乎在体格、灵活性和位置上都占了上风。

Which of these 4 dinosaurs is your favorite?
(See them in Sinclair Dinoland at the World's Fair)
BRONTOSAURUS, a 70-foot dinosaur... roamed the earth over a hundred million years ago when Nature was mellowing the petroleum that Sinclair now refines into the best gasolines and oils.
TRICERATOPS means "three horns on the face." This 10-ton dinosaur lived in Montana and Wyoming during the Cretaceous Period.
ANKYLOSAURUS looks dangerous but this 20-foot "walking fortress" was a harmless vegetarian.
TYRANNOSAURUS, largest, fiercest meat-eater that ever lived. He had teeth 6 inches long—and a mouth as big as a power shovel.
We know our favorite. It's Brontosaurus... Sinclair's famous trademark. Millions saw him and 8 other life-sized dinosaurs in Sinclair Dinoland at the New York World's Fair. We hope you and your family come to the Fair this summer... See this exciting re-creation of prehistoric times.
For a more pleasant trip, we'll be happy to plan your route through interesting sections of the country. For example, the Dixieland Trail covers 5 southern states, takes you over 6000-foot peaks to secluded ocean beaches, historic forts, battlegrounds, elegant antebellum homes, many other landmarks of the old South.
This Sinclair service is free. Write Sinclair Tour Bureau, 600 Fifth Avenue, New York, N. Y. 10020. Tell us the areas you want to visit in U. S., Canada or Mexico.
Sinclair

在 1964 年纽约世博会上为辛克莱石油恐龙乐园展馆做的广告。其中大量借鉴了查尔斯 · 奈特恐龙图画的主题和形象。图中的暴龙和三角龙正充满恶意地对峙，但没有真正展开战斗，与奈特为菲尔德自然历史博物馆创作的壁画如出一辙

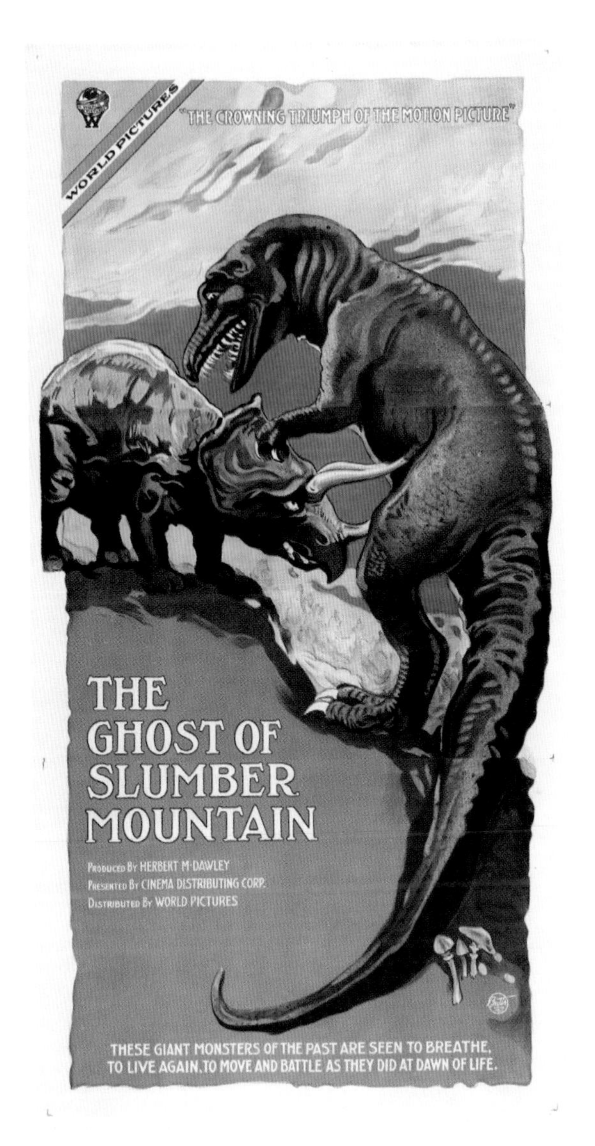

电影《眠山怪影》（*The Ghost of Slumber Mountain*，1918）的广告海报。电影由赫伯特·M.道利（Herbert M. Dawley）制作，特效由威利斯·奥布赖恩（Willis O' Brien）负责。这比当时的大多数其他海报都更具画面感，其中以含蓄的手法展示出了巨兽之战。电影中的定格摄影让真人演员和动画人物同台演出，这项先锋技术在接下来的100年里为大量恐龙电影开辟了新道路

芝加哥菲尔德自然历史博物馆在1930年推出的明信片，画面取自查尔斯·奈特的壁画。暴龙在和三角龙对峙。两头巨兽都小心地紧盯对方，暗示了“二战”前夕超级大国间的紧张局势

约翰·马戈利斯创作的暴龙和三角龙，摄于南达科他州拉皮特城的恐龙公园。恐龙已经到处都是，变得有些像迪士尼动画片里的角色，巨兽之战也成了“合家欢”项目

三只恐龙周围是典型的富丽建筑，例如仿照古罗马万神殿的圆顶。天花板由花岗石科林斯式圆柱支撑，地板由大理石铺就。墙上的壁画场景大部分都在展示博物馆主要出资人西奥多·罗斯福（Theodore Roosevelt）的生活。我们的目光会沿着重龙母亲头部后面的弯曲脊柱一路向上。

这种将原始骨架石膏模型固定到位的铁匠手艺着实惊人。不然我们还能怎么说呢？从传统意义上来说，这样的标本并不是非常科学。美国自然历史博物馆公开承认，没有客观证据表明世界上曾经发生过这样的场景。[9] 重龙必须以极快的速度和非常灵活的动作转动和落下前肢，不然根本没有机会碾压奔跑的异特龙。展品的说明文字表示，重龙至少必须能够人立起来，因为它没法以其他方式交配，但这只说对了一部分。可能只有雄性需要站起来，而且不需要和图中的标本一样高高站起，而这里的恐龙是雌性。科学家斯蒂芬·杰伊·古尔德（Stephen Jay Gould）曾表示："我的同事大多都会认为这种姿态很可笑。"[10]

从各种角度来看，这件展品都更接近艺术而非科学，那为什么它身处自然历史博物馆而不是画廊？也许这个领域从未像大多数人想的那么相互独立。艺术和科学都将理性与想象结合在一起，不过它们的重点可能有所不同。这件展品可以追溯到20世纪90年代初，它肆无忌惮地展现出了职业领域里本不允许编造的故事。科学已经摒弃了不少旧规矩，因此不光是展品，就连论文都可以采用多种多样的形式。

这里的异特龙以凶猛而出名，而重龙因体形庞大而著称。前者完全是野蛮生物，而后者是家庭生活的捍卫者，换言之，是

美国自然历史博物馆的重龙骨架夸张地站立起来，似乎是要保护孩子

“文明”生活的捍卫者。总而言之，这三只恐龙的姿势看起来是人工产物，更像是舞蹈，而不是真正的场景。这有些类似于中世纪和现代早期绘画中的死亡之舞，主题是人类骷髅相互抓住对方嬉戏。墨西哥亡灵节的人偶和它们更为相似，节日里的骷髅参与了各种日常活动，从办公室工作到烹饪晚餐不一而足。让早已灭绝的生物展现出这样一幅戏剧性场景让人感觉有些讽刺。这可能表明恐龙在我们心中经常虽死犹生。

龙 血

恐龙的教育材料曾经对掠食一事非常谨慎。就像许多老喜剧对性爱的态度——不断撩拨暗示但从不挑明。掠食者和植食者会小心翼翼地瞪着对方，而且一方经常看起来好像要发起攻击，但我们从来都不会看到一滴龙血。只能间接表现暴力的原则让恐龙作品变得更加微妙，例如查尔斯·奈特的壁画，也让恐龙看起来怪异地处于静止和克制状态。这种原则甚至延续到了《哥斯拉》（*Godzilla*）等老电影中，怪物用非常挑剔的方式踩躏整个城市，结果建筑物受到的伤害远远超过人类。

这条规矩很快在迈克尔·克莱顿（Michael Crichton）的《侏罗纪公园》（*Jurassic Park*）以及以此改编的电影中崩塌，小说和电影都是名副其实的暴力盛宴。“侏罗纪公园”系列小说的第一部（1990）讲述人们在哥斯达黎加附近的一座岛屿上尝试为主题公园克隆恐龙。虽然科学家和技术人员为了控制它们使出了浑身解数，但一切都是徒劳，怪兽们逃了出去。最后，哥斯达黎加空军轰炸了整座岛屿，但在这之前就有不少恐龙逃进了亚马孙。续作《失落的世界》（*The Lost World*，1995）将舞台放在了四年之后，当时附近的岛屿正在建立主题公园。一群雇佣兵、猎人和古生物学家前来为圣地亚哥的新主题公园捕捉恐龙。为了阻止这队人马，侏罗纪公园的员工从笼子里放出了几只恐龙，让它们肆虐了一段时间。但一只暴龙还是被抓到了圣地亚哥，随后它逃出牢笼并开始破坏城市，但最终被引诱回船上送回了侏罗纪公园。* 我不会详细介绍剧情，因为它们只不过是将一系列快节奏追逐场景串联在一起的借口，恐龙恐吓孩子、推翻汽车、让路人尖叫、推倒建筑物、吞噬人类。这两部小说为史蒂文·斯皮尔伯格（Steven Spielberg）执导的电影提供了灵感，而这两部电影都收获了有史以来最高的票房。接下来还有其他两部“侏罗纪公园”系列电影，虽然原著并不是克莱顿的作品，导演也不是斯皮尔伯格，但依旧卖座，也许这个系列才刚刚起步。

作者邀请了一些杰出的古生物学家为小说担当顾问，包括约翰·奥斯特罗姆（John Ostrom）、罗伯特·巴克（Robert Bakker）和杰克·霍纳（Jack Horner），这似乎可以让他的小说在教育界赢得一席之地。虽然对某些细节精雕细琢，克莱顿却并没有为科学而牺牲小说的娱乐性。他将伶盗龙（迅猛龙）设定为大个子男性人类的大小，和黑猩猩一样聪明，而它们实际上和火鸡一般大小，可能也没有那么机灵。此外，虽然公园被称为侏罗纪公园，但书中的恐龙大多都生活在白垩纪。小说中通过对话呈现出了许多科

---

* 编注：作者表述的是 1997 年同名电影情节，可能与小说混淆了。

学理论，而且大量引用了罗伯特·巴克的恐龙温血理论。因此其中的恐龙十分活跃、迅猛，并且需要大量猎物来维持新陈代谢。虽然听起来大有进步，但在很大程度上依然是合理化了的维多利亚时代的恐龙刻板印象。事实上，和约翰·马丁等早期画家一样，这部电影将这种想法推向了极致。即使像狮子这样的大型掠食者也会休息，并且在享用大型猎物之后可以数日不再进食，但电影中的恐龙似乎完全无法餍足。正如大卫·吉尔摩所说，侏罗纪公园里的暴龙只不过是一张带着匕首牙齿而且会走路的嘴巴。[11]

数学家伊恩·马尔科姆（Ian Malcolm）是《侏罗纪公园》中的主要人物之一，他似乎就是克莱顿本人的代言人，而且不断提起混沌理论，主要论点是人想控制太多东西时，那其中肯定会有一些地方出错。这听起来非常现代甚至是后现代，但其实完全符合维多利亚时代的精神，当时的人也沉迷于混乱（或者说“野蛮”）和秩序（或者说“文明”），在过去一个多世纪中，诸多惊悚作品都体现出了这种二分法理念。追根究底，基于这种理念的小说和电影都摆脱不了托马斯·霍金斯等作者和约翰·马丁所塑造的恐龙形象：只会捕猎和互相吞噬。这些娱乐作品也利用了传统的恶魔和怪物形象，把恐龙世界基本打造成了传统恐怖电影里的模样。

小说和电影里的恐龙基本上都是“活死人”，换言之，丧尸。它们经由人手死而复生，既不属于自然也不属于社会。伶盗龙尤其如此，它们就像电影里的丧尸一样，群起狩猎，无情地发起攻击。而暴龙可以像早期电影中的哥斯拉一样，成为神圣正义的代表，将体面人从其他怪物手下拯救出来。第一部电影结束的时候，暴龙杀死了一队伶盗龙，救下了惊恐的科学家和同伴。在

电影《侏罗纪公园》(1993)中的场景，一只暴龙正在攻击越野车。自刚发现恐龙的19世纪早期以来，我们对恐龙的幻想一直没有太大变化

《失落的世界》中，暴龙母亲将人类反派掳到龙巢喂孩子，作者还用极具画面感的文笔详细描述了他的死亡。这正是魔鬼带着一个罪人去往地狱。在地狱之中，他会像中世纪晚期和文艺复兴时期的许多画作一样，被恶魔吞噬并排出体外。甚至有人可能会认为圣地亚哥等地的暴龙肆虐是对人类傲慢的惩罚或警告。

自《侏罗纪公园》图书和电影推出以来，流行文化就一直专宠掠食性恐龙。用艾伦·A. 德布斯（Alan A. Debus）的话说："现在伶盗龙是名副其实的怪物，不仅因为它们天性野蛮，还因为它们狡猾，有险恶的智慧。"[12] 很难说它们是通过攻击我们还是通过模仿我们而让我们备感恐惧。但即使恐爪龙、伶盗龙和它们的亲属看起来像人类一样，伟大的蜥脚类恐龙也仍然是命运的化身，它们在背景中悄然徘徊，无懈可击。沃特豪斯·霍金斯和奈特这样的艺术家擅长慎重地处理掠食行为，他们并未通过不断的暗示直白地展示出极端暴力。如果"凶暴先生"很可怕，那么"庞大先生"就是我们永恒的安慰。它们将怪物的注意力从人类身上引开，用自己强大的存在迫使掠食者收敛。但是，让我们能够对恐龙心平气和的微妙束缚可能难免会破碎，让我们沉溺于恐怖、罪恶、正义和胜利的狂欢中。杀戮、捕食和血液现在都是常见的恐龙形象，即使是针对年轻人的作品也不例外。在蹲伏和互瞪一个半世纪之后，巨齿龙终于扑了过去。

掠食者还是猎物？

有史以来最受欢迎的恐龙是谁？现在有一个相当客观的衡

量方法：谷歌（Google）推出了书籍词频统计器，其统计了从1800年到2000年提到过某个词的书籍百分比。在2017年3月20日，我访问了这个网站[13]，并搜索了各种恐龙的名称，以比较它们在文献中的出现频率。最常出现的恐龙是禽龙，它的名气在1851年达到顶峰。当时禽龙受到的关注比1997年的暴龙巅峰高出四倍多。

到1860年的时候，禽龙的热度下降了大约2/3，不过它仍然明显是最受欢迎的恐龙，直到20世纪头十年的中期，暴龙、梁龙和三角龙等其他竞争对手才将它超越。但这三种恐龙主要生活在美洲，它们之所以流行起来，在很大程度上要归功于它们代表着北美的“新伊甸园”形象。这片土地还没有受到破坏，充满原始的生机。而只搜索英国的英语书籍时，禽龙的地位虽然起起落落，但在进入21世纪之后也依然是最受欢迎的恐龙。

比较禽龙和巨齿龙在近几十年来的流行程度之后，你就会发现这两种恐龙的起落曲线几乎完全相同，不过禽龙一直略胜一筹。经常同时出现的其他恐龙也是如此，例如暴龙和三角龙。公众直到1916年才对它们产生兴趣，此时暴龙的受欢迎程度突飞猛进，三角龙紧随其后。在接下来一个世纪的大部分时间里，它们受欢迎的程度不相上下，但暴龙经常稍稍领先。这有力地表明这两种恐龙经常会被同时提及。

我相信，这条曲线不仅体现了我们对恐龙的态度，还从更广阔的层面上体现了我们对肉食性动物和植食性动物的看法。暴龙、老鹰和老虎这些大型掠食者的原始凶暴令人战栗，它们同时带来了认同和恐惧。想要自由地欣赏它们，我们就必须首先保证人类猎人或者禽龙之类的对手可以将它们制伏，至少是要能让它们陷入苦战。

《侏罗纪公园》的小说和电影都取得了现象级的商业成功，可见它们挖掘出了一直潜藏在恐龙研究和表象之下的欲望：我们对无尽欲望和力量的迷恋。不论是老虎还是蟒蛇，掠食者始终能够用恐惧和倾慕紧紧抓住我们的心。自然界中捕食的存在一直令人难以接受，今天的人依然在颂扬和消灭食肉动物之间摇摆不定。

虽然我们现在对掠食的生态意义有了理性认识，远超维多利亚时代，但对它的感觉依然矛盾。维多利亚时代公认掠食是“野蛮”行为，而我们的说法更加委婉，不过态度与他们大致相同。从暴龙到灰狼，我们对掠食者的态度仍然在极端化、妖魔化和理想化之间摇摆。保罗·特劳特（Paul Trout）认为“最原始的人类恐惧”是“被动物活生生撕裂吃掉”。[14] 几千年来，我们一直在与大型掠食者周旋，将它们作为偶像，和它们战斗，还常常将它们灭绝。我们可能已经成了最为致命的掠食者，但这种恐怖依然挥之不去。我们认为原始时代的生活只有最基本的需求，我们对那个时代最简单、最生动的想象就是两个巨人：胶着在生死之战中的一个食肉者和一个植食者。

暴龙苏（Sue）的头骨，藏于芝加哥菲尔德自然历史博物馆。这是有史以来最庞大、最完整的暴龙骨架。在麦当劳（McDonald's）的资助下，博物馆于 1997 年斥资 760 万美元将其买下。这个创纪录的价格反映出了我们对暴龙和其他掠食者日益深刻的迷恋

CHAPTER 4

从水晶宫到侏罗纪公园

> 我根本不在乎你们的新闻报道，我不是认字的料，但忍不住要看那些该死的图。
>
> ——“老板”威廉·特威德（William “Boss” Tweed）

现代博物馆发源于“珍奇屋”，它们大多都属于古怪的领主和贵族。这些人常常因为新奇事物、虔诚和平凡的好奇心而燃起阴暗的迷恋。珍奇屋里陈列着各类抓人眼球的东西，例如从拉丁美洲部落买来的缩小人头和新几内亚天堂鸟的羽毛，异国动物的填充标本和骨架。它们有时会和龙之类的奇妙生物摆放在一处，这些新奇生物都是用多种动物的身体缝在一起，卖给容易上当的收藏家。珍奇屋里还有许多贝壳、硬币、彩色岩石和化石。和今天的囤积狂一样，珍奇屋的主人全心沉浸在自己的怪癖中。

建立珍奇屋的热情有一部分源自圣物箱，这种物件最初在文

奥勒·沃尔姆（Ole Worm）的珍奇屋，《沃尔姆博物馆》（*Museum Wormianum*，哥本哈根，1655）的卷首图。老珍奇屋百无禁忌，只要是能激发主人遐想的东西都囊括在内。这座珍奇屋里有很多骨骼，有些很明显是化石，甚至可能是恐龙化石

艺复兴时期开始流行起来。最狂热的收藏家大概当属 17 世纪初的神圣罗马帝国皇帝鲁道夫二世（Rudolf Ⅱ），他收集了大量胃石（鳄鱼和鸵鸟等多种动物消化道中的石头），这种东西据说可以解毒。他的藏品还有挪亚方舟的铁钉、希腊塞壬（Siren）的颌骨和被封印在玻璃块中的恶魔。[1] 鲁道夫二世对收集奇珍异宝的痴迷让他荒废政务，最终被迫退位。

这些藏品最重要的功能是激发好奇心，而且常常让人禁不住大加揣测。舍赫泽等收藏家专注于化石，而世人时常认为化石代表着塑造之力这种神秘的力量，类似于植物和动物的自然诞生。

对比大量化石之后，人们也慢慢开始了更加系统的研究。但古生物学起源于收藏，而不是对真理的坚定追寻，这就让它沾染上了始终无法真正摆脱的污点。对恐龙的痴迷在我们的社会中无处不在，但它在大众媒体中的影响力远高于在严肃文化中的影响。恐龙的存在感在 B 级电影、科幻小说和其他以大众为目标的媒体中最为强烈。

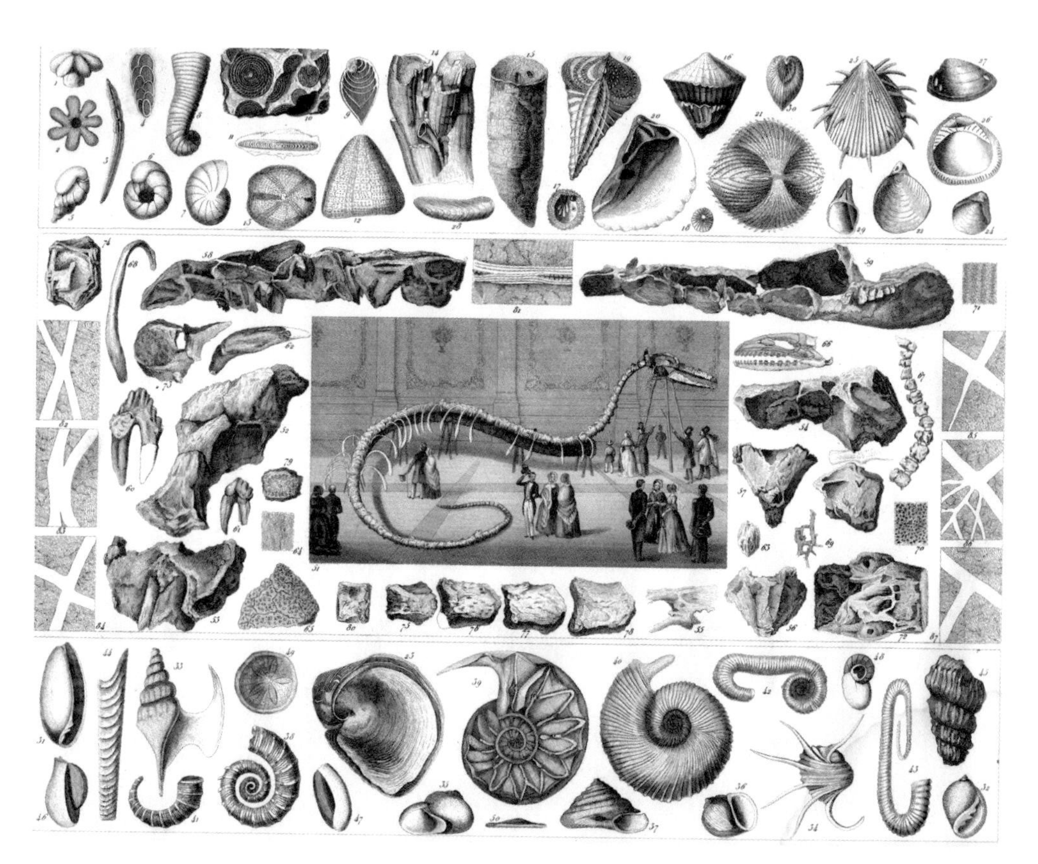

各类化石，出自 1850 年的自然史相关书籍。即使是在 19 世纪中期，化石归类依然毫无章法，一般是根据珍稀程度归类，而不是地质时期

阿尔贝特·科赫（Albert Koch）医生在19世纪40年代里将许多条鲸的椎骨拼凑在一起，造出了这具骨架。衣着讲究的男女在复原骨架周围漫步，这似乎是一条史前蜥蜴，但实际上是一个赝品。图中的气氛非常肃穆，几乎达到了宗教的高度

19世纪初，英国和欧洲其他地区的化石研究还处于科学界的边缘。其中的领军人物都是业余爱好者，没受过太多有关化石的正规教育。随着采矿和建筑业不断发掘出化石，他们也沉迷在早期生物的遗骸之中。他们经常对法国充满羡慕，那里的研究更加专业。英国没有乔治·居维叶那样的权威，也没有可以与位于巴黎的法国国家自然历史博物馆媲美的自然历史材料研究中心。但古生物学的基础已经夯实，而且可能正是出于这些原因，英国的古生物学基础比法国更坚实。学科的早期阶段需要大胆思考，这通常最适合在萦绕官僚气息的机构之外产生。

化石研究的动力大多来自玛丽·安宁（Mary Anning，1799—

玛丽·安宁和她的狗特雷（Tray），1842 年。背景是多塞特郡的金帽露头（Golden Cap outcrop），她在这里发现过很多化石

1847）的发现，她可能依然是有史以来最具传奇色彩的化石猎人。玛丽自童年时期就开始和父兄一起在多塞特郡莱姆里吉斯的侏罗纪海岸收集化石，并贩卖给游客。11 岁的时候，她发现了第一具鱼龙骨架。她的其他发现包括第一具完整的化石蛇颈龙和在德国以外发现的第一具翼龙。

另一个重要人物是吉迪恩·曼特尔，他是一名乡村医生，非常痴迷于寻找、收集和解释化石。化石几乎塞满了家中的每一个角落。他对化石的痴迷最终让妻儿都离他而去，但他是第一个命名并描述禽龙和林龙的研究者，并且部分识别出了最初的蜥脚类恐龙化石。

专业水准最高的早期化石猎人当属威廉·巴克兰，他命名并描述了巨齿龙，这也是第一种得到命名的恐龙。他还和安宁开创了粪化石的研究。巴克兰也是典型的英国怪人，他在讲座中模仿自己想象中史前动物的声音和动作，还让穿着学士袍的宠物熊招呼客人。此外，他也是一位杰出的神职人员，最终成为威斯敏斯特大教堂的院长。这些先驱的生活充满了误解、忽视和一团混乱，这都是突破新知识领域时难以避免的遗憾。到 19 世纪 40 年代时，古生物学已经成熟，研究渠道也清晰起来。这个领域的新兴领军人是理查德·欧文，他在 1842 年创造了“恐龙”一词，意思是“可怕的蜥蜴”。他也被称为“英国的居维叶”，这不仅是因为他的解剖学造诣惊人，更是因为他喜欢和同事争论不休。

当时就连将史前生物归入现行分类学的想法也算是离经叛道。过去的巨型生物依然显得如此怪异，几乎无法对它们展开科学分析。当时的争论主要集中在体长和饮食等非常具体的问题

禽龙，由理查德·欧文归为恐龙的三种生物之一，出自 S. G. 古德里奇（S. G. Goodrich）的《约翰逊的动物王国自然史》（*Johnson's Natural History of the Animal Kingdom*，1874），明显参考了沃特豪斯·霍金斯的水晶宫雕塑。其中的三大恐龙都同时具有爬行动物和哺乳动物的特征

上。吉迪恩·曼特尔、欧文等之前的科学家已经凭借直觉将我们口中的“恐龙”整合起来，但欧文是第一名系统描述它们的人。利用林奈的框架，欧文提出了恐龙类，其中最初只包含三个属：巨齿龙、禽龙和林龙。欧文认为它们与其他史前爬行动物以及现代爬行动物的区别在于，四肢并不是向两侧展开，而是直接生长于躯干下面，就像今天的哺乳动物一样。欧文还认为它们可能具有四腔心脏并且是温血动物。

虽然没有明说，但欧文的分类法有一个针对拉马克（Lamarck）等早期进化倡导者的潜台词。他们认为动物会通过后天特征的继承而逐渐改变：例如长颈鹿的颈部变得越来越长，因为这些动物在几个世代里都为了吃到树冠的叶子而向上伸展脖子。他们还认为，演化的总体趋势是越发精细和复杂。通过证明恐龙不是原始的蜥蜴，反而比当代爬行动物更进步，欧文竭力想阐明生物进步（即演化）只是幻觉。[2] 在简单粗暴地将当代分类扩展到远古生物身上之后，欧文得出了它们与现代动物基本相似的结论。

玛丽·安宁、吉迪恩·曼特尔和威廉·巴克兰发现化石的动力都是没有太大私心的好奇。他们的工作都缘自爱好，不过有时会变成痴迷。安宁和曼特尔一生的大部分时间都在贫困边缘挣

林龙，由理查德·欧文归为恐龙的三种生物之一，出自 S. G. 古德里奇的《约翰逊的动物王国自然史》(1874)，明显参考了沃特豪斯·霍金斯的水晶宫雕塑。其中的三大恐龙都同时具有爬行动物和哺乳动物的特征

扎，而巴克兰有更可靠的收入来源。欧文是英国的第一位专业古生物学家，他为这个学科确立了新的地位。他的前辈大部分时间都在野外寻找化石，而欧文大部分时间都待在办公室里，鉴定送到面前来的化石。古生物学的新地位也增加了学术斗争，不同的研究人员会为相同的发现争功。但没有人料到，在 19 世纪末期的时候，这个学科会成为争夺名声、金钱和权力的中心。

水晶宫的恐龙

在诸多科学课题中，可能只有恐龙一再成为豪华公共展览的主角。这些展览耗费巨资，聘请著名工匠，大肆宣传。首开先河的展览便是水晶宫恐龙展。当时的恐龙现在看起来就像一群石像鬼，来自人类进步和文化大教堂的废墟。它们有一个重要的前辈，那就是意大利博马尔佐附近的怪物公园。这座公园由富有的雇佣军头子维奇诺·奥尔西尼（Vicino Orsini）在 16 世纪中期建造，当时正值文艺复兴高潮。这大概是世界上第一个主题公园[3]，它以巨大的神话和虚构怪兽石雕为特色，旨在让游客感到惊奇和愉快的恐惧。其中包括龙、塞壬和一张可以让游客进入的巨嘴。无论这些雕塑是否直接影响了水晶宫的史前野兽，它们的娱乐效果也和水晶宫不相上下。这两座公园之间的对比也可以体现出早期神话和传说对恐龙产生了何其深远的影响。

如今水晶宫周围的雕塑向我们展示出了不少维多利亚时代的风情，但和恐龙没有太大关系。它们的故事始于万国工业博览会，这是一场主要由阿尔伯特亲王（Prince Albert）策划的宏大盛会，意在展示全球的技术奇迹，同时证明英国在创新领域的领袖地位。如果要说什么能代表着现代商业文化的诞生，那无疑就是这场壮丽的展会。展品都安置在由钢铁和玻璃造就的巨大建筑中，也就是伦敦市中心的“水晶宫”，其占地七公顷，并种植有六棵榆树。[4]虽然是以圣公会大教堂为参考，而且有一部分使用了“中殿和耳堂”等教堂术语，但它预示着20世纪里圆润的现代建筑时尚。早期与大教堂和宫殿一样，水晶宫也希望能凭借辉煌宏伟的规模引起惊讶和赞叹。但与大教堂不同，它在短短七个月里就建造了起来，并没有花费几个世纪，体现出了商业的速度而不是上帝的速度。它可能有唤起上帝和君主荣耀之意，但更加直接地展示出了制造和贸易的力量。

A VISIT TO THE ANTEDILUVIAN REPTILES AT SYDENHAM—MASTER TOM STRONGLY OBJECTS TO HAVING HIS MIND IMPROVED.

约翰·利奇（John Leech）1858年的漫画，一名教师正拉着惊恐的小男孩走过水晶宫的恐龙。这些恐龙仿佛游乐园里的“鬼屋”，旨在让游客受一点儿小小的惊吓

意大利博马尔佐附近怪物公园里的龙、鱼和狮子。龙既凶猛又有一点儿滑稽，它和恐龙已经非常相似

水晶宫也跃升为了教育场所，但最重要的是，它是一个巨大的购物中心，拥有 1.4 万家零售商。这里成了朝圣之地，收入不高的人也会长途跋涉而来，只为目睹这座大厦，或许还可以买一个纪念品。每日的平均游客量达到了 42,831 人。[5] 水晶宫推动了人类进步、资本主义扩张和英国至高无上的意识形态，这几样

事物在当时看来似乎完全相同。但这跟恐龙有什么关系呢？它们最初似乎象征着水晶宫打算否定的一切。它们是最不合时宜的事物，是野蛮和遥远时代的典型代表，自然不能进入宫殿本身这个神圣场所，不过后来安置在了水晶宫周围，以戏剧化的方式显示人类取得了多大成就。

博览会结束后，水晶宫搬到了伦敦南部郊区的锡德纳姆，并于 1854 年重新开放，恐龙和其他史前生物的雕塑也在展示之列。水晶宫的新化身不再限于科学和技术，而是尽力展现出所有人类文化，以显示文明如何在大英帝国达到顶峰。英国当时在很大程度上已经征服了全球，于是还要征服过去，要让昔日的伟大王国向他们献上敬意。建造商制造了世界各地的石膏雕塑，还专门开办了各个文明的展览，例如古埃及、亚述、希腊、罗马、印度、中国等。每一个文明都有自己的房间，而恐龙和其他史前生物置身于建筑物外的人工岛屿上。但它们依然遵循同样的安排原则，由不同的群体代表了不同的地质时期。虽然史前历史和文明都严格遵守线性排序，通过空间位置来表示不同时期，不过这场展示在某种程度上让它们看似同时代的生物。作为文明殿堂的宫殿本身要留给人类，而怪物有些像守护着神殿入口的恶魔雕像。

恐龙和其他已灭绝动物的雕塑由本杰明·沃特豪斯·霍金斯领导的团队建造，理查德·欧文担任指导。恐龙的骨架是铁丝网格。其中一具雕塑需要 600 块砖、1500 块瓷砖、38 桶水泥、90 蒲式耳 * 人造石和其他材料。[6] 禽龙雕塑从鼻尖到尾尖的长度

---

* 编注：英美制容量单位（计量干散颗粒用），英制 1 蒲式耳合 36.37 升。

为 10.59 米，周长为 6.22 米。[7] 四只恐龙是展览的核心，但沃特豪斯·霍金斯也制作了许多其他史前动物的雕塑，例如翼龙、鱼龙、猛犸象和大角鹿。它们取得了巨大的商业成功，1854 年的主题公园开幕式有 4 万人参加，每年的观众平均有 200 万人，一直持续到 19 世纪末。[8] 就像后来的几个主题公园一样，展览也依靠出售恐龙和其他史前生物的微缩模型和其他纪念品赚了大钱。

恐龙以及其他史前生物工程的雄心和规模都不亚于勃兰登堡门、凯旋门、林肯纪念堂、维多利亚女王纪念碑，以及水晶宫本身。它们也经久耐用。带着恶作剧的心情，我们甚至可以从恐龙中看出对统治者和将军的拙劣模仿，他们也留下了恒久的巨大纪念碑。当时刚刚开始流行的恐龙骨架也是如此。但是恐龙确实大于一切，至少大于今天鲸之外的所有生命。水晶宫的恐龙前无古人，而且预示着它们本身和它们的自然史都会获得新地位。

纪念性雕塑的套路也让恐龙显得过于正式、静态，与周围的环境格格不入，仿佛城市公园中的青铜雕像。最初的恐龙形象似乎彼此都没有交集，包括沃特豪斯·霍金斯的雕塑。它们没有社会或家庭生活，同一个物种的成员也没有任何互动。即使巨兽们注意到彼此，那也必然是为了捕食，而捕食也向来只有巧妙的暗示，从未动过真格。观众可能会认为这种孤立十分原始，但它也暗示着现代个人主义，甚至是自由放任的资本主义。就像几乎所有恐龙形象一样，这种形象也影射了人性，可以激发恐惧、内疚或优越感。正如工业革命，恐龙的发现激起了巨大的希望，但也引发了世界末日般的恐惧。巨型蜥蜴很快就吸引了公众的注意，它们不仅催生了专著，也催生了漫画、报道、其他主题公园等

1852 年，本杰明 · 沃特豪斯 · 霍金斯在工作室里建造水晶宫的恐龙。这位艺术家以维多利亚时代的幽默感展现出了它们的怪异之处。他还以中间偏右弯着腰的人来对比了恐龙的凶暴，这可能就是霍金斯本人

伦敦水晶宫的迷齿类雕塑。这些恐龙和周围没有联系，有些像博物馆里的艺术品

等。新的发现很快融入了流行文化，而这又反过来为进一步研究提供了动力和方向。

十年之内，新发现就表明水晶宫的恐龙很不科学。至少从传统意义上来说，它们并不是特别漂亮，而且也不富于戏剧性，但依然对许多人散发着巨大的吸引力。我们迷恋这些雕塑的原因，可能和它们吸引维多利亚时代人民的原因并无不同：彻底的陌生感。本质上讲，它们将略微陈词滥调的形象强行混合在一起，描绘出了令维多利亚时代如痴如醉的异国情调和神话动物。禽龙是爬行动物中的犀牛，而林龙是中国龙或中世纪欧洲龙的模仿者。巨齿龙混合了巨蜥与某种食肉哺乳动物的特征。至少对我来说，它最像鬣狗，这也使维多利亚时代的人感到困惑，因为它似乎结合了犬科动物和猫科动物的特征。

1868年，纽约行政当局邀请沃特豪斯·霍金斯在中央公园里建造一座新的古生物博物馆，专门用于展览美洲的史前动物。这座博物馆也像水晶宫一样由玻璃建成，但史前动物的雕塑要摆放在里面，而不是外面的空地。与水晶宫公园的雕塑不同，纽约的雕塑并没有被水分开。它们摆放在由钢铁支撑的玻璃板下方，两侧有新古典风格的圆柱支撑。霍金斯接受了这份工作，搬到了美国，并满怀热情地开始工作。他为古生物博物馆绘制了草图，展示了几种恐龙的巨大模型。一队游客从前面经过，他们和雕像

水晶宫的恐龙，出自S. G. 古德里奇的《旅行者相簿和旅馆指南》（*The Travellers' Album and Hotel Guide*，1862）。图中已经灭绝的动物和现代场景格格不入，它们与生俱来的怪异里又平添了一丝疏离感

之间只有一道小围栏。展品的另一边是另一道围栏，前面也站满了游客，他们头顶上是一座有装饰的桥。这些雕塑比水晶宫公园的雕塑更具戏剧性、掠夺性和拟人性。

禽龙是水晶宫公园展览的核心，于是和它们关系紧密的鸭嘴龙就成了新公园内定的明星。它的画像高度是游客身高的6.5~7倍。在霍金斯的草图中，鸭嘴龙身边是莱拉普斯龙（后来正式命名为鹰爪伤龙），这是和暴龙有亲缘关系的兽脚类。这两只恐龙正在交换目光，也许是为了互相恐吓。不远处，霍金斯准备安排另外两只莱拉普斯龙吞噬另一只鸭嘴龙。游客走过博物馆的时候，他们会穿越当代之前的漫长时间，遭遇大地獭、猛犸象、大角鹿和其他动物。[9]

尽管获得了富有又有名望的赞助人，沃特豪斯·霍金斯却再也没复制出水晶宫的巨大成功，原因之一可能是他不了解恐龙在美国具有不同的象征意义。他的恐龙仿佛出没于宫殿的鬼魂，但美国并不会这么看待恐龙。英国的恐龙是传统的延伸，让这个国家的历史更加源远流长。但是美国为自己的野性而自豪，即使美国人正在努力让这片土地变得文明。而恐龙正是能代表“狂野西部”的形象之一，那里的大自然仍然在以种种恐怖对抗文明。简而言之，英国人将恐龙看作过往辉煌的一部分。沃特豪斯·霍金斯可能没有意识到，庞大的身躯让它们在美国人心中有了更深刻的影响，它们就是对辉煌未来的承诺。

在“老板”特威德的腐败政府班子控制纽约时，沃特豪斯·霍金斯已经为雕塑工作了两年。特威德下令停止博物馆的工作，于是霍金斯在一篇报道中发出了抱怨和抨击。作为回应，特

本杰明·沃特豪斯·霍金斯在中央公园的工作室。图中有一种戏谑的幽默感。恐龙和巨大的哺乳动物似乎瞪着对方。站在背景里的人类和右边的鸭嘴龙站姿相似，而且直直瞪着观看者

威德在纽约市长的支持下派暴徒闯入沃特豪斯·霍金斯工作室，将他的雕塑打得粉碎，还把模具扔进了附近的池塘。他们给暴行找了个当时广为接受的借口：雕塑都是进化论的产物，违背了《圣经》。[10] 如果最初的水晶宫是以教堂为模型，那么新的宫殿就是新古典主义的殿堂，高耸的怪物和异教徒偶像十分相似。这场恶意破坏的一部分原因也有可能是霍金斯是一名杰出的英国人，为提升英国的威望付出了很多心血，让人颇有敌意。坦慕尼协会这台政治机器主要由爱尔兰人操纵，他们和英国人之间有血海深仇。但最主要的原因可能只是特威德认为这个项目太古怪，最重要的是无利可图。[11] 沃特豪斯·霍金斯继续为普林斯顿大学制作鸭嘴龙的骨架，这种恐龙最终成为新泽西的州恐龙。其他知名的美国机构也委派过他类似的工作，包括史密森尼学会下属的几个

水晶宫恐龙在 20 世纪后期修复后的景象。它们周围的环境远没有维多利亚时代精致，恐龙本身也像是徘徊在现代公园里的幽灵

照片里是如今水晶宫里修复后的禽龙

机构。他最终在1878年返回了英国。

水晶宫在1936年里毁于大火，现在只有恐龙和其他史前动物保留了下来，并且经历了修复和重新上色。我们可以认为它们是在提醒我们人类成就何其脆弱，而自然界的恢复力何其强悍。

“骨头大战”

世界上的第一批铁路诞生于19世纪20年代，而就在这十年里，人们也发掘出了第一批不容置疑的恐龙遗骨。这两件大事都发生在英国，自然并非巧合。早期的火车被称为“铁马”。恐龙、火车和工厂都会咆哮、自动运转，具有自己的新陈代谢。铁路、巨型大炮、战舰和工业机器的庞大和力量也令人敬畏。大英帝国和全球化程度日益加深的经济体系都规模巨大，暗示着巨型生物的王国。恐龙是过去也是现在，是在维多利亚时代激发恐惧和迷恋的一切事物的化身，是时代的镜像。巨大的机器和大体量的经济让恐龙更容易想象，而它们又使技术看起来没有那么不自然。

水晶宫稳固了恐龙作为现代化图腾的形象，不仅因为它们身躯庞大，也因为它们与商业的关联。19世纪最后的25年里，恐龙也与地位和声望产生了密切联系。它们不但成为国家、工业家、科学家和博物馆之间竞争的对象，而且也成了和科学关系浅薄的幼稚玩意儿。谁拥有最大的恐龙？谁发现的恐龙最多？哪个国家的恐龙化石最丰富？这种幼稚的竞赛也延伸到了人们对恐龙本身的看法。哪种恐龙最长？最高？最凶悍？最快？哪种恐龙可以赢得冠军？三角龙可以击败暴龙吗？剑龙能击败异特龙吗？

蒙古国的当代恐龙邮票。各个国家都将恐龙视为国家遗产和地位的象征。虽然蒙古国是个小国，但因为恐龙骨骼特别丰富而备感自豪

恐龙之地是最具异域风情的王国。在大英帝国的鼎盛时期，人们不禁梦想着要探索一番，甚至将其征服。不过恐龙已经灭绝，所以它们似乎也象征着古代王国失落的壮丽，以及对人类的警告。这些相互矛盾的类比不一定会让人感到舒服，维多利亚时代的人经常使用恐龙来代表和自己相反的形象。

进化论逐渐在科学界得到承认，自然神学也随之衰落，让恐龙的研究失去了使命感。它们的年代是那么遥远，而化石是那么零碎，所以恐龙最初在演化的争论中丝毫不引人注目。达尔文甚至没有在第一版《物种起源》中提及恐龙，只在第四版中简要提到了始祖鸟。[12] 一时之间，恐龙研究的主要工作变成了收集和标记新奇事物，以及为各类制度和事件提供隐喻。

恐龙是庞大的生物。统治者和工业家会用它们来戏剧性地呈现心中的伟大议程和成就。美国人的这种心态尤其明显，他们在19世纪末期的时候开始成为比肩英国的工业强国。从早期的殖民地时代开始，作为欧洲人后裔的美国人就敏锐地意识到自己缺乏能和旧世界媲美的文化遗迹，例如城堡和文学传统，但他们也发现美洲狂野广阔的土地充满希望，可以补偿这个缺憾。美国在内战之后迅速向西扩张，定居者铺设了铁轨和电报线，大量屠杀野牛并侵占原住民的土地。和英国人一样，美国人也献身于他们心中的进步和现代化，而“新旧大陆之间的文明”差异对他们而言再清楚不过。这片土地遍布野牛和少数家牛的白骨，而它们下面埋藏着大型哺乳动物和恐龙。

人们在十九世纪六七十年代开始发掘恐龙骨骼的时候，例如蒙大拿州、科罗拉多州、南达科他州和犹他州，一场狂潮也随之兴起，仿佛几十年前的加州淘金热。恐龙骨骼挖掘队的照片明显折射出了西部的新魅力。这些人一般和牛仔、不法分子或警察没有什么区别：头发花白、胡子拉碴，穿着灰尘扑扑的破旧衣服，留着八字胡，头戴牛仔帽，手里恐怕不是铲子而是步枪，笔就更不可能出现。他们看起来都是硬汉粗人，随时准备好干活，仿佛回到家之后也更喜欢泡在酒吧里，而不是去大学休息室。这自然和威廉·巴克兰的形象相差甚远，他寻觅恐龙化石的时候可是穿着学士服。

曾经在学术界工作过的人都知道，这个领域暗流涌动，充斥着对峙、嫉妒和激烈的竞争，教授们时时沉迷于隐瞒和阴谋。即使研究人员之间坦诚相待并充满善意，要为某个想法或发现公平分配荣誉也非常困难，甚至全无可能，而由此而生的争执常常会升级成学术斗争。不过“骨头大战”摆脱了所有束缚。这场疯狂竞争为了赢得最多、最大的骨骼化石而展开，传统的科研尊严都被抛诸脑后，这让同行备感恐惧，也让渴求丑闻的公众欢呼雀跃。

大战的两名主角是费城自然科学院的爱德华·科普和耶鲁大学皮博迪自然历史博物馆的奥塞内尔·查尔斯·马什。他们凭借雄厚的资金在考察活动中挖掘着最大最棒的恐龙骨骼，而且这场斗争从 19 世纪 70 年代延续到了 19 世纪末。他们耸人听闻的竞争里包含了间谍、暗中破坏、贿赂，甚至会为了防止化石流入竞

查尔斯·奈特在 1897 年创作的《跳跃的莱拉普斯龙》(*Leaping Laelaps*)。莱拉普斯龙是 20 世纪初很受欢迎的恐龙之一，在美国特别有名。这两只恐龙非常凶暴，它们喧嚣的威胁已经超出了嬉闹的范围。有人认为这幅画在暗喻科普和马什的“骨头大战”

1872年，古生物学家奥塞内尔·查尔斯·马什的照片，他本人站在后排中间，其他人都是保镖和助手。马什实际上将挖掘工作都指派给了其他人，不过他在照片中拿着挖掘骨骼的工具，而他身边的人都手持武器，似乎渴望战斗

争对手之手而将其破坏。

这两支队伍至少发生过一次正面冲突，而且马什会在挖掘期间特别安排身强力壮的汉子在场。科普宣称马什的一篇论文是“有史以来最丢人的错误和无知之大成”。马什则回应说：“科普教授的心智和道德都不能让人信任，也承担不了责任。”[13]两人都在竞争中耗尽了巨大的财富，但一共发现并命名了大约136种恐龙，包括三角龙、异特龙、梁龙和剑龙。

马什发现的恐龙更多，所以大家一直认为他是“骨头大战”的胜利者，但这个标准对科学荣誉而言太过简单粗暴。“骨头大战”是否推动了古生物学？这个问题没有答案。竞争的压力迫使

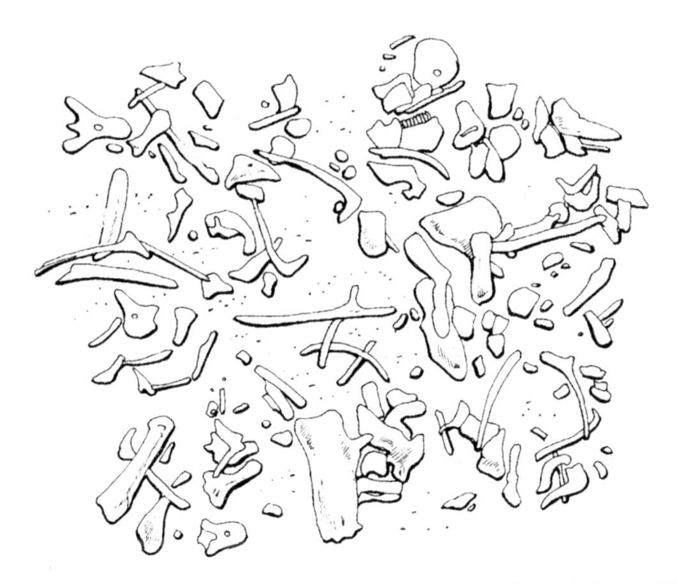

怀俄明州的三角龙天然化石。19 世纪末期，美国西北部发现了数量惊人的恐龙骨骼，在雄心勃勃的科学家和企业家之中掀起了挖掘狂潮

科普和马什高速工作，也因此犯了很多错误，其中一些可能至今都没有得到纠正。他们不能或不愿意仔细记录恐龙的发现方式和位置。和淘金者一样，他们可能要保守保密，甚至会传播虚假信息，以免竞争对手夺走重要发现。大多数恐龙也许最终都会重见天日，但从长远来看，更慢更细致的工作应该取得更多成果。最重要的是，“骨头大战”开启了将追求轰动、商业成功和个人显耀凌驾于真理之上的风气。

卡内基梁龙

如果你是恐龙，那会是什么龙呢？安德鲁·卡内基（Andrew

Carnegie）的答案很简单：最大的那种！1898 年 11 月，世界首富卡内基在《纽约先驱报》（*New York Herald*）上看到一篇文章，题为《西部刚刚发现地球上有史以来最巨大的动物》。报道介绍了一种名叫“雷龙”的生物，并宣称“它站立起来的身高相当于 11 层的摩天大楼”。图片显示巨大的蜥脚类动物用两条后肢站立起来，透过玻璃窗顶窥视着高大建筑物的内部。其他报道称“觅食的时候，它得填满能装下 3 头大象的胃”，以及“生气的时候，恐怖的咆哮可以传到 16 千米之外”。[14] 卡内基对此印象深刻。他给新成立的卡内基研究所的所长威廉·霍兰德（William Holland）送了一张便条，上面写着：“我的天啊，你就不能为匹兹堡买下这只恐龙吗，试试看啊。”[15] 结果报道过于夸大，有人觉得这是一场骗局，但霍兰德还是设法找到并购买了这具巨型恐龙骨架。实际上这是两只恐龙的骨头，还有一颗石膏头骨，但它还是算得上有史以来最大的恐龙。购买者还用自己的名字给它命了名：卡内基梁龙。本着当时非常普遍的浮夸精神，霍兰德宣称梁龙骨架的组装和展出是“这领域里有史以来最伟大的事业”。[16]

大约三年后，在避暑胜地苏格兰斯基博古堡里，维多利亚女王（Queen Victoria）的儿子爱德华七世（King Edward Ⅶ）造访了卡内基。国王看到了恐龙的照片，并表示希望大英博物馆也能拥有一只恐龙。卡内基写信询问霍兰德能不能再寻获一只梁龙，霍兰德回信说，虽然再找一只梁龙非常困难，但可以用石膏模型制作复制品。[17] 卡内基向国王许下允诺，并为大英博物馆送去了石膏梁龙，后来又为德国、法国、墨西哥、奥地利和阿根廷的博物馆制作了其他复制品，但没有给美国博物馆送去这样的礼品。

这具梁龙自然是美国科学先进的象征。它也让卡内基本人获得了可以与总统和君主平起平坐的地位，几乎称得上是美国的第二个政府。

卡内基坚信赫伯特·斯宾塞（Herbert Spencer）的社会达尔文主义将“适者生存”的生物学理念带到了社会领域。不过这位大亨想要通过强调富人对公众的义务来给这种哲学增添一点儿柔情。他至少将恐龙的巨大等同于优越，正如他认为财富和演化成功本质相同。这种理念从诞生起就是一堆含混不清的联想，而卡内基只是又增添了一个设想。没有被金钱和权力闪花眼睛的人都

1905 年，卡内基梁龙组装好之后的照片。背景里是亚瑟·科吉歇尔（Arthur Coggeshall），他曾经开玩笑说这应该叫作“美国公民恐龙”，因为其发现于 7 月 4 日

石膏梁龙，安德鲁·卡内基送给伦敦自然历史博物馆的礼物

应该明白，巨大的身体并不一定是演化优势。此外，体形巨大也不一定有更大的科学价值。史前巨人展品实际上和游乐园的畸形秀没有太大不同。

这是雄心壮志超越政治和意识形态的时代，这份野心常常以大规模雕塑、建筑和艺术品体现出来。苏联在这一点上走得最远，他们有恢宏的公共典礼、纪念碑和公共艺术。因此苏联的艺术家，例如瓦西里·瓦塔金（Vasily Vatagin）和康斯坦丁·弗廖罗夫（Konstantin Flyorov），都尽可能地将史前时期描绘得相当暴力和野蛮。[18] 它成了“掠夺性资本主义”的代表，也就是大家耳熟能详的“丛林法则”。

后来随着早期工业化的振奋消弭于两次世界大战和大萧条之

中，西方又将恐龙视为失败和灭绝的象征。维多利亚时代最终变得越发遥远，成了怀旧和反叛的标志。它常被误认成稳定和有坚定价值观的理想时代，而无数以恐龙为主题的儿童书籍和玩偶常常都会流露出这种怀旧之情。

恐龙乐园

辛克莱石油公司在 1939 年和 1964 年的世界博览会上出资修建了恐龙乐园，这可能是自水晶宫以来规模最大的恐龙盛会。哈里·辛克莱（Harry Sinclair）于 1916 年成立了辛克莱石油公司，并在 1930 年的大萧条时期里选择雷龙（现在通常称为“迷惑龙”）纹章作为公司标志。这是一个大企业声名狼藉、恐龙狂热也正在降温的时代，但辛克莱用全新的方式使用了恐龙符号。他没有像卡内基一样暗示重工业辉煌的未来，而是用恐龙展现出公司与地球的联系，即稳定的过去。辛克莱石油公司不再以庞大来代表活力或支配地位，而是赋予了它稳定的内涵。在一个银行倒闭、和平似乎越来越岌岌可危的世界里，你还可以信赖辛克莱石油。20 世纪中叶，不断增加的形象让恐龙变得亲切又熟悉。每个人都知道暴龙、雷龙和剑龙之类“重要”的恐龙，就像我们都知道名人。目前，恐龙与儿童和家庭的联系在很大程度上要归功于辛克莱石油公司。

雷龙标志最初暗示着现在早已遭人摒弃的理论：石油主要来自于恐龙的尸体。在 20 世纪后半叶，辛克莱石油公司借鉴了葡萄酒业的神秘感，暗示石油是跟好酒一样的陈酿。他们在许多广

辛克莱石油公司的复古加油机。加油机上骄傲的雷龙是20世纪中叶辨识度极高的公司标志之一，和麦当劳的金拱门不相上下

告中宣称“辛克莱商标中强大的雷龙象征着辛克莱产品所用的原油历史悠久、品质优秀，我们的原油在恐龙时代就开始酝酿”。

石油行业真正的巨头实际上是约翰·洛克菲勒（John D. Rockefeller）的标准石油公司（Standard Oil），他们一直在兼并其他炼油公司。美国最高法院在1911年裁定标准石油公司是垄断企业，并将其解散，但洛克菲勒通过持有每个继任公司的股份来保留控制权。辛克莱的标志可能是故意要让人想起卡内基购买的梁龙，而他是少数能够与洛克菲勒一争高下的商人之一。辛克莱赞助了古生物考察，特别是巴纳姆·布朗（Barnum Brown）在亚洲为美国自然历史博物馆寻找恐龙骨骼的考察，以此表明古生物学与石油勘探有相似之处。作为回报，布朗为辛克莱石油公司的恐龙撰写了宣传册。在辛克莱石油的广告中，一只高度拟人化的雷龙常常担任起加油站服务员的职责，它两腿站立，尾巴扬在空中。辛克莱石油在很多知名活动中赞助了恐龙展览，例如芝加哥在 1933 年以“进步的一个世纪”为主题举办世博会时，他们就展出了玻璃纤维雷龙，这具模型足有 21 米长。他们的恐龙产品包括小册子、玩具和邮票。

为了筹备 1964 年纽约世博会的恐龙乐园，辛克莱石油公司翻新了雷龙，还增加了 8 个新的或翻新的玻璃纤维恐龙，包括 13.5 米长的暴龙。所有恐龙都是半自动化模型，具有可以移动颈

1964 年，一辆卡车正在为辛克莱公司的恐龙乐园运送三角龙。即使是在运输中，恐龙模型也经常会吸引很多观众

...a hand in things to come

Reaching into a lost world

...for a plastic you use every day

Massive creatures once sloshed through endless swamps, feeding on huge ferns, luxuriant rushes and strange pulp-like trees. After ruling for 100 million years, the giant animals and plants vanished forever beneath the surface with violent upheavals in the earth's crust. Over a long period, they gradually turned into great deposits of oil and natural gas. And today, Union Carbide converts these vast resources into a modern miracle—the widely-used plastic called polyethylene.

Millions of feet of tough, transparent polyethylene film are used each year to protect the freshness of perishable foods. Scores of other useful things are made from polyethylene . . . unbreakable kitchenware, alive with color . . . bottles that dispense a fine spray with a gentle squeeze . . . electrical insulation for your television antenna, and even for trans-oceanic telephone cables.

Polyethylene is only one of many plastics and chemicals that Union Carbide creates from oil and natural gas. By constant research into the basic elements of nature, the people of Union Carbide bring new and better products into your everyday life.

Learn about the exciting work going on now in plastics, carbons, chemicals, gases, metals, and nuclear energy. Write for "Products and Processes" Booklet H, Union Carbide Corporation, 30 E. 42nd St., New York 17, N. Y. In Canada, Union Carbide Canada Limited, Toronto.

...a hand
in things to come

1960 年，美国联合碳化物公司（Union Carbide）在《国家地理杂志》上的石化产品广告。和汽油广告商一样，塑料产品的广告商也想通过和恐龙拉上关系来淡化产品的人造感

20 世纪 60 年代早期的辛克莱石油报纸广告，其中的雷龙两腿站立，是亲切的加油站服务员

部和头部的马达。虽然雷龙、暴龙和剑龙等最大的恐龙仍然将尾巴拖在地面上，而且部分恐龙的腿稍微向两侧张开，但是鸵龙和嗜鸟龙等小型恐龙已经完全直立，而且抬起了尾巴。说明手册上专门提到了嗜鸟龙“警觉且活跃”。[19] 这可能是约翰·奥斯特罗姆的意见。他是展览的科学顾问之一，后来还以有说服力的证据提出鸟类是恐龙后裔。但和水晶宫一样，展览的整体效果还是在

1965 年，纽约世博会的辛克莱恐龙乐园报纸广告。恐龙的动作和表情似乎都有些忧郁，仿佛在现代环境中略显尴尬

公众想象中刻下了恐龙是静态生物的刻板印象。后来无数的报纸和杂志广告进一步散播了这种形象，它们塑造公众认知的能力远比科普强大。

展览成了工业时代将恐龙作为象征和营销手段的高潮，这场始于水晶宫的怀旧之旅充满了对消失童年世界的怀念。恐龙乐园

辛克莱恐龙乐园一览，乐园的定位介于儿童幻想和博物馆展览之间。游客可以从各个角度观察恐龙，它们既不会让人感到害怕，也没有暗示背后有不平凡的故事

是时间停止的地方，在这里，所有年龄、疾病和政治所带来的忧虑也都烟消云散。水晶宫将恐龙模型放置在周边的人工岛上，而辛克莱恐龙直接进入了世博会，展示着史前怪物变得多么驯顺。与此同时，虽然整场展览依然笼罩着人类进步的意识形态，但已经不再那么自信。这次展览既是怀旧的庆典，也是前进的盛会，代表着过去的恐龙似乎可以恰如其分地融入进去。也许在那个年代里，就连进步的想法本身也染上了怀旧的吸引力。在如今的辛克莱网站广告里，一名老爷爷满怀深情地对小男孩讲述着自己的恐龙乐园之旅。

600 万人造访过恐龙乐园，其中 50 万人购买了玩具恐龙。[20] 不过辛克莱石油后来出售或赠送了所有玻璃纤维恐龙，并且再也

暴龙，出自辛克莱石油在 1964 年世博会上发布的小册子。文字说明表示暴龙是“有史以来最庞大、最可怕的肉食动物”，而且“是雄踞地球数百万年的霸主”。在这样的开场白之后，这幅图可能让人有点儿扫兴，因为小小的手臂显得十分尴尬，而大肚皮看起来又像是不牢靠的弱点

辛克莱石油手册里的三角龙。“这个外表凶恶的家伙就跟犀牛一样”，文字介绍还说，它们具有“和鹦鹉一样的喙”。画师还给三角龙添上了老虎一样的条纹

剑龙，出自辛克莱石油在 1964 年世博会上发布的小册子。文字说明将它们称作“古怪的恐龙之一”。它们的腿因为躯干太庞大而有些向外伸展，看起来不太协调

辛克莱小册子里的嗜鸟龙。和其他图画中庞大的亲属不同，这种恐龙似乎非常迅捷

没有尝试过这种展览。他们可能已经意识到，社会变革和科学理论会迫使他们在未来的展览中改变恐龙，削弱它们怀旧的吸引力。在后工业社会中，习惯于使用数字设备的公众不会再满足于只能转动头部的恐龙。

1979 年，佛罗里达州 19 号公路辛克莱加油站的哈罗德汽车中心，约翰·马戈利斯创作。人们一直以来都将机动车和恐龙、汽油和恐龙的身体联系在一起

石油工业与恐龙研究保持着密切联系，但最近都没有产生能和卡内基梁龙或辛克莱雷龙一样引人注目的标志。石油巨头大卫·汉密尔顿·科赫（David H. Koch）向史密森尼学会和美国自然历史博物馆捐赠了数千万美元用于恐龙展览。尽管这些机构想要加强公众对气候变化的认识，而科赫赞助过否认气候变化的活动，但是美国自然历史博物馆还是用他的名字为恐龙楼命名。邓肯（Duncan）家族依靠石油和天然气发了大财，他们也是休斯敦自然科学博物馆新古生物大楼的主要赞助人。[21]

高科技恐龙

随着第二次世界大战后的经济腾飞，公众不再渴求安稳，转而追求兴奋和刺激。凭借彩色技术和越来越复杂的特效，电影的刺激程度远超当时的电子模型。辛克莱石油公司的展览可能已经让许多人开始做起在恐龙身边生活的白日梦，而一系列 B 级电影更是让他们能够切身体验一番这种生活。1966 年，华纳兄弟公司（Warner Brothers）推出了《公元前一百万年》（*One Million Year B.C.*），这部电影将时间设置在恐龙早已灭绝而人类尚未出现的时代。海报宣称："穿越时间和空间，回到人类起点的边缘……发掘野蛮世界，欲望就是唯一的法则！前所未有的观影体验：大银幕上以革命性的色彩为您呈现现实、野蛮和壮丽美景。"在海报的一侧，穴居人从悬崖上朝进击的暴龙投掷长矛和岩石，而另一侧是雷龙将一名穴居人咬在嘴里高高扬起。前景中是初涉影坛的拉寇儿·薇芝（Raquel Welch），她面带现代妆容，身穿小小的皮草比基尼。电影里描绘了人与恐龙之间的壮观战斗，还有山体滑坡和火山爆发等自然灾害。剧情主题是薇芝扮演的"美人罗安娜"和邻近部落一名男人间的浪漫故事，他们将大场面松散地串联在一起。

同一间工作室又在 1970 年推出了一部类似的电影《恐龙纪》（*When Dinosours Ruled the Earth*）。主角由薇芝换成了维多利亚·沃特瑞（Victoria Vetri）。这次海报上是暴龙咬住一名衣着暴露的金发女郎。雷龙正在攻击翼龙，而一名祭司在崇拜中高举双手，这可能是在不知不觉中流露出的恐龙狂热。海报中间是身着比基尼、手持长矛的沃特瑞，她脚下写着"进入充满未知恐怖、异教崇拜和处女献祭的时代"。这是一部恐怖电影、海滩派对电影、灾难电影和肥皂剧的大杂烩。有些特效相当粗糙，例如放大鬣蜥充当恐龙，但其中定格动画尚属顶尖技术，还为该片赢得了奥斯卡奖提名。

但是随着数字革命，模型和其他表现方式最终都赶上了电影。如今世界各地都建立起了许多大型恐龙主题公园。例如恐龙世界（Dinosaur World）连锁乐园，在佛罗里达州、得克萨斯州和肯塔基州都设有分部。每个分部里都有大约 200 个恐龙塑料模型，其中部分长达 45 米，而且还有互动模型。创意科技公司（Creature Technologies）在日本创办了极受欢迎的机器恐龙巡回展，并计划最终在某个游乐园中安顿下来。游客可以排队等待暴龙将自己叼在嘴里。此外，公路边和城镇里还有数不清的小型恐龙主题公园。电子游戏开发商 Crytek 为极客创造了恐龙岛项目，以便通过虚拟现实访问恐龙世界。他们还开发了一款名为“丛林恐龙”（*Jungle Dino*）的电脑游戏，玩家可以和史前生物互动，

恐龙星球的场景，泰国曼谷的主题公园

也可以控制它们的行动。Polygon 公司也开发了游戏《359 号岛屿》(*Island 359*)，玩家身处恐龙岛屿，任务是尽量多杀恐龙。

纽约州锡拉丘兹市的弥尔顿·鲁宾斯坦科技博物馆（Milton J. Rubenstein Museum of Science and Technology，MOST）开办机器恐龙展之后，锡拉丘兹的一家当地报纸用下面的话描述了这场“恐龙狂热”：

> 走进博物馆之前就可以看到灯光、听到声响，让人觉得自己是在参观真实世界的侏罗纪公园。右边是鸭嘴龙的机器骨架，由访问古生物学家自如操控，让父母有机会向小朋友保证这“不是真的”。一只雷龙母亲一边喂养孩子，一边向游客致意。最左边是四只恐爪龙在生吞腱龙……附近有一只慈母龙母亲在喂养孵出的幼龙，而两只肿头龙正为了争夺地位而顶头。一只孤独的三角龙站在旁边，等待游客爬到背上拍照。野兽的化身暴龙高耸在其他恐龙之上，近距离听到它的尖锐的咆哮足以让人汗毛倒竖，瑟瑟发抖。[22]

和传统的博物馆展览相比，这场展览显然与游乐园的“鬼屋”更为相似。它几乎没有留给游客的想象空间，但突显出了针对恐龙外观和行为的推测，而且相当刻板。这种展览肯定没法让年轻人准备好面对科学研究所需的谨慎和重复性工作。

此外，20 世纪后期迎来了恐龙周边产品的大幅度增长，而这种现象正是始于水晶宫。出售给儿童的早期恐龙玩具有一种沉稳的尊严，制造商希望将它们定位成模型而不是“玩具”。它们具有相当正统的姿势，可以展示出基本形态，但也显得过于僵硬。庄严肃穆的博物馆很反感积极营销，但他们的矜持在 20 世纪下半叶逐渐消失。五颜六色的塑料手办取代了青铜复制品，它们很容易就能摆弄成和中世纪骑士或宇航员作战的形态。作为恐龙的狂热爱好者，斯蒂芬·杰伊·古尔德抱怨“儿童文化已经被毛茸茸又能赚大钱的可爱恐龙淹没了，这种玩意儿随便哪个市场代理都设计得出来”，他还补充说，“每件 T 恤和每个牛奶盒上都有恐龙，简直破坏了发现的神秘感和喜悦，有些营销手段肯定会让恐龙变得平平无奇。”[23]

自打他写下这段话以后，种种恐龙产品的营销就随着《侏罗纪公园》的上映而变得更加花样百出。它们不再是恐龙主题公园的附庸，而是恐龙主题公园本身：精心打造、耗资巨大的史前动物公开展示，以科学之名诞生，但积极搭车销售各种玩具和许多其他产品。例如侏罗纪公园棒球帽、卫衣、车尾贴、钥匙圈、马克杯、领带、手机壳、浴帘、冰箱贴等等。这类产品几乎无穷无尽。恐龙电影继承了水晶宫和辛克莱恐龙乐园传统。仅第一部电影的成本就远远超过古生物学领域里的经费，它带来的收益自然更是丰厚。[24]

即使我们围绕恐龙创造出来的幻想还没有彻底碾压古生物学家复原的现实，但新的动画、虚拟现实和机器人技术也很快就会实现这一点。哥斯拉系列已经红火了半个多世纪，现在依然生命力旺盛。侏罗纪公园系列可能也会同样长寿，特效也会越来越复杂，偶尔还会增添令人惊叹的恐龙新发现和各种时尚元素。不过很难想象要如何同时做到效果绚丽，但又至少要在表面上保持严肃的科学性。在建立于恐龙研究之上的大量幻象中，就连迷惑龙都会迷失方向。

流行文化向来会从诸多领域中吸收营养，包括严肃文学、科学和民间传说，但不会对哪个领域表示特别的尊重。在娱乐和广告等行业里，恐龙就和当初一样，最终会成为种种怪物中的一员。《龙与地下城》（*Dungeons and Dragons*）是现在由孩之宝（Hasbro）公司制作的一款角色扮演游戏，玩家要在生活着亡灵巫师和神奇生物的幻想世界里冒险。除了从《天方夜谭》（*The Arabian Nights Entertainments*）中借鉴而来或自行创造的各种恶龙，其中也偶尔包括恐龙。最新版本是2017年的《绝冬城：湮灭之墓》（*Neverwinter: Tomb of Annihilation*），其中不仅着重刻画了恐龙，还推出了恐龙僵尸。官方的发售预告片以咆哮的暴龙拉开序幕。根据布鲁诺·拉图尔（Bruno Latour）的说法，"'现代'这个形容词是指新的体制，是时间中的加速、割裂和革命"[25]，这就是将龙与恐龙分开的裂痕。但如果真如拉图尔所说，现代性是一种幻觉，那两者之间的区别也同样如此。

CHAPTER 5

恐龙复兴

> 主耶和华对这些骸骨如此说："我必使气息进入你们里面，你们就要活了。我必给你们加上筋，使你们长肉，又将皮遮蔽你们，使气息进入你们里面，你们就要活了，你们便知道我是耶和华。"于是，我遵命说预言。正说预言的时候，不料，有响声，有地震，骨与骨互相联络。我观看，见骸骨上有筋，也长了肉，又有皮遮蔽其上……
>
> ——《耶路撒冷圣经·以西结书》

美国人依然会以混杂了怀旧和厌恶的感情回忆起第二次世界大战后的20年。美国那时自认为是"自由世界"的领袖，而且对这份使命有着强烈到近乎救世主般的感情，同时也正在享受历史上最长久和最强劲的经济腾飞。在新的电视媒体中，西方人庆贺着文明胜过不法之徒，情景喜剧里流露出了富裕的愉悦。动画

动画片《摩登原始人》(*The Flintstenes*)里的场景。其中恐龙代替了机器，这也是美国20世纪50年代富裕郊区的理想化形象。动画片里恐龙的种种能力都预示着今天的“智能”设备

情景喜剧《摩登原始人》里的穴居人骑着恐龙去上班，这类娱乐节目让 20 世纪 50 年代的郊区繁荣看似融入了永恒不变的体制。

但这种乐观主义也掩饰不住恐怖、挫败和反叛的激烈暗流。美国与苏联展开了冷战，创造出了挥之不去的恐惧和紧张气氛。美国和欧洲的知识分子经常认为第二次世界大战后的几十年是一潭死水，而且文化空虚又令人窒息。民权运动不仅挑战了隔离政策，还间接地挑战了美国的道德优越感。美国在种种事务上都显得日薄西山，但或许也准备好了展开巨大变革。

托马斯·库恩（Thomas Kuhn）1962 年出版的《科学革命的结构》（*The Structure of Scientific Revolutions*）反映出了不断增加的不安和沮丧，这本书对知识界的所有理念都产生了巨大影响。在此之前，大多数人都认为科学是严格按照线性方式进步的。研究人员曾经认为今天的知识是一点点累积起来的，通常还会略带轻蔑地将大胆的想法称为“投机”。根据库恩的说法，科学探究是在他称之为“范式”的范围内发生的。这是一个综合分析框架，决定了研究的性质和方向。建立起主导范式之后，研究就可以按部就班地一点点采集事实。但是，每一种范式都会带来“反常”，即不是非常符合既定框架的现象。反常明显到无法忽视时，研究领域里就可能会出现科学革命或“范式转换”，例如转向日心说、牛顿物理学、进化论、量子力学或相对论。由于范式本质上不可通约，所以不能以经验证据来确定变化，此时需要彻底改变看待问题的方式。[1]

这个想法为雄心勃勃的科学家们提供了一个机会，他们希望自己不仅仅是因为收集数据而留名。哥白尼（Copernicus）或达尔文等最著名的思想家都不仅仅是增加了知识，而且开创了新的范式。人们经常比较过去具有革命性的科学家（至少常用的教科书中是这么称呼他们的），他们敢于挑战教会和国家以及他们完全屈服于制度的大学同行。

但是，在开启了现代世界的文艺复兴中，主要的科学创新者并没有宣称自己的发现是科学革命。相比之下，罗伯特·巴克、尼尔斯·埃尔德里奇（Niles Eldredge）和斯蒂芬·杰伊·古尔德就是有意识地要掀起科学思维的革命，带来范式转变。许多研究人员都认为古生物学死气沉沉，是美化过的“集邮”，许多人都认为重大改变势在必行。一个多世纪以来，这个领域里的大部分心血都投入到了发现、识别和组装老骨骼，而不是研究理论上。其他领域一般都会尽力隐瞒科学家与企业和政府的紧密关系以及潜在的腐败，但这些在古生物学界都是公开的秘密。向公众展示的恐龙似乎过于油滑和商业化，不是非常可靠，并且与开始变得没有活力和压抑的社会秩序关联起来。

恐龙的优越性

恐龙复兴始于20世纪60年代，当时约翰·奥斯特罗姆研究了恐龙的化石爪子，这是他在蒙大拿州发现的一种恐龙。他推测恐爪龙是两足行走而且精力充沛，他还据此重提托马斯·亨利·赫胥黎（Thomas Henry Huxley）的理论，即鸟类是恐龙的后裔。他以前的学生罗伯特·巴克在1968年的论文《恐龙的优越性》（*The Superiority of Dinosaurs*）里进一步提出恐龙一般都

扬·索瓦克（Jan Sovak）的恐爪龙，绘制于 2006 年。这种掠食性恐龙在 20 世纪末期前后吸引了公众的注意，因为它们凭借速度和数量捕猎，而不是暴力。注意它们的脚掌和手掌上有臭名昭著的镰刀爪

是温血动物。[2] 巴克后来在《恐龙异端》（*The Dinosaur Heresies*）（1986）一书中详细阐述了自己的观点。巴克通过无视学术规范的口语化的著作绕过了同行，直接吸引公众。

恐龙的起源时间和哺乳动物相同或稍晚。巴克发现这些巨兽比对手哺乳动物大得多，种类也要多得多，可见能够“超越”对手。他认为唯一的解释就是恐龙属于温血动物，因此可以保持更高水平的活动。他还同时声称最早的哺乳动物落后于恐龙，因为它们仍然是冷血动物，因此比较迟钝。[3]

非洲裔美国人争取平等的运动也激发了其他民族的平权事

爬行动物章节的卷首画，出自 S. G. 古德里奇的《约翰逊的动物王国自然史》(1874)。右下方和左边的巨大动物可能是想象中的恐龙。总的来说，包括恐龙在内的爬行动物都与黑暗、潮湿、危险的地方联系在一起，特别是热带丛林

业。于是巴克也开始为恐龙鸣不平，声称它们是歧视的受害者。他认为恐龙的温血性质显而易见，但许多人罔顾事实，因为他们是“哺乳动物沙文主义者”。巴克在努力提高恐龙的地位，但讽刺的是，他能做的只有宣称它们就像今天的哺乳动物一样。该书有一个几乎不言而喻的前提，那就是演化谱系经历了从原始到高

级的固定路线。哺乳动物现在位于最前端，特别是人类，但恐龙曾经领先。

巴克声称恐龙被套上了迟钝和没有精神的刻板印象，因此需要知识分子为它们正名，但这话最多只是半真半假。这种观点和马什的关系最为密切，他在1883年说雷龙（迷惑龙）“是缓慢愚蠢的爬行动物”。[4] 马什也塑造出了恐龙居住在沼泽地里、依靠水的浮力支撑庞大身躯这个形象，这也是巴克特别反感的说法。灭绝有时也会让恐龙和时代错误以及失败联系起来。在经济大萧条之后，卡内基之类的工业家用它们来象征大企业的早期尝试又与这个形象相反。虽然有时候很受欢迎，但马什对恐龙的看法从来没有获得过“正统”地位。赫胥黎和科普等杰出科学家总会提出很多不同的观点。巴克会认为过去和他持同样观点的人，例如欧文和赫胥黎，都是叛逆者，而不同意他观点的人都是“权威”。但老实说，很难有人能比格哈德·海尔曼（Gerhard Heilmann）更不“权威”。他在20世纪初期说服了大多数古生物学家，鸟类不是恐龙的后裔。他是一名没有正规科学背景的艺术家，通过解剖学观察写出了论文，然后发展出了自己的理论，在研究中几乎没有得到任何专业人士的鼓励。[5]

在某种意义上说，恐龙之所以形象迟钝，不过是因为它们的骨架很难装配，阻碍了它们的展示。当美国自然历史博物馆在1915年首次组装暴龙的骨架时，研究人员非常清楚恐龙之王并没有弯着腿跟踪猎物，也不需要用尾巴支撑身体。但它还是被装配成了这个姿势，一部分原因可能是为了增加高度，让标本显得更惊人，但主要原因是骨头太重，没法用其他方式支撑。[6] 许多

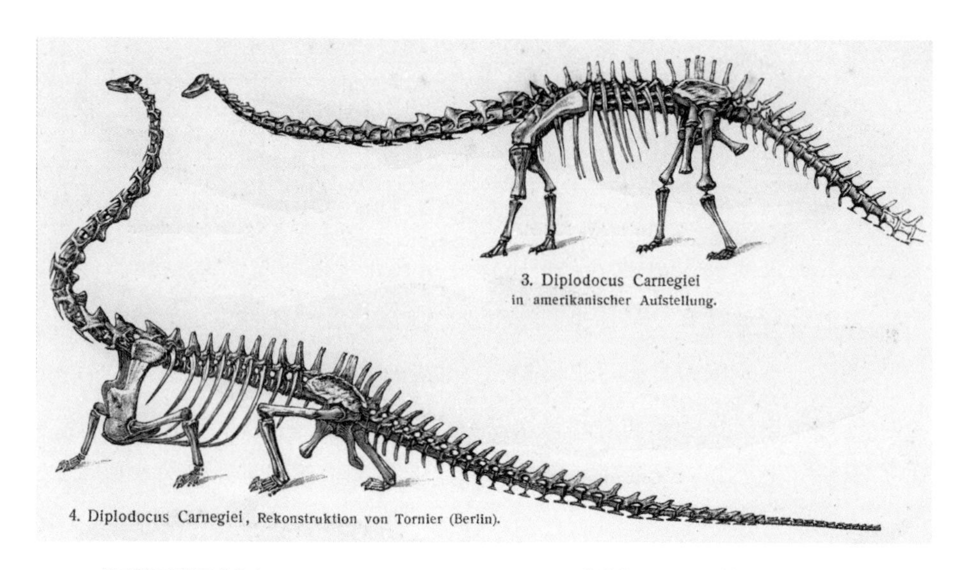

《迈耶百科词典》(*Meyers Grosses Konversations-Lexikon*，莱比锡，1902）的插图，展示了梁龙骨架的两种复原概念。上图的复原让四肢直接生长在躯干下方，和哺乳动物没有区别，但下面的图让它们和蜥蜴一样向外展开。大家很快就达成了共识：只有哺乳动物的形态才能让恐龙支撑体重

插图画家都参考了这个姿势，让暴龙显得很尴尬。

也许巴克最大的错误就是忽视了商业和流行文化所发挥的巨大影响，他以为只有古生物学家能决定恐龙的公众形象。恐龙之所以给人以迟钝不动的印象，主要是因为媒体赋予它们的风格。它们的形象，特别是辛克莱石油的雷龙，都仿佛纹章，容不得半点紊乱或不稳定的征象。更深入地说，这种形象来源于20世纪的创伤，尤其是第一次世界大战、大萧条、第二次世界大战和冷战。人们也并不是时时都想要血腥的战斗或世界末日般的灭绝。只要感到突然消亡的威胁，许多人可能就会觉得恐龙的灭绝恐怖到无法想象。只有在冷战即将结束而核恐怖在一定程度上——或

许只是暂时——解除时，人们才准备好一窥恐龙在遥远时代里所处的恶劣条件。

活力和霸权

巴克在文字中贯穿着20世纪60年代和70年代的反主流文化，他的著作于1986年出版时已经显得不合时宜。他的论证法在公众本身迷恋新奇和青春活力的时代里很吃香，即使这种迷恋经常也是以怀旧的方式表现出来。它们有力地重新激发了人们对恐龙的长期迷恋，光鲜的杂志、电视特辑等媒体又开始对恐龙大做文章。但巴克还是失败了，至少他希望改变科学观点的直接目标并没有实现，并不是因为理论错误，而是因为辩论的方式已经改变。

自行产热的动物属于恒温的“温血”动物，而依赖外部热源的动物是变温的“冷血”动物。巴克认为，温血动物和冷血动物完全不同，而恐龙必定属于其中一种。这和目前的观点相符，即哺乳动物和鸟类是温血动物，而爬行动物、两栖动物、鱼类、昆虫和所有其他动物都是冷血动物。研究人员后来意识到这两种性质是一个逐渐变化的过程。处于中间的动物现在称为“中温”生物，例如针鼹、金枪鱼、树懒和棱皮龟。此外，动物可能会在不同的生命阶段和不同的季节中改变体温调节方式。熊和啮齿动物等休眠动物会在冬天停止活动并降低体温。此外，许多动物的产热方式都很难明确归为“内部”还是“外部”。鬣蜥和许多其他蜥蜴都会改变颜色，以便更好地吸收、保留或散发热量。蜜蜂通过颤抖产生热量，而许多鱼类会产生防止自己冻僵的化学物质。恐龙并不一定都是以同样的方式产热，特别是没有演化成鸟类的恐龙，它们的生理机制可能不同于当时的其他动物。[7]

巴克认为恐龙很久以前就已经占据了霸主地位，就像现在的人类，但“霸权”就像“优越性”一样很难用经验性的语言定义。巴克和其他人将恐龙和人类都称为“霸主”，但他们对两个不同的案例使用了完全不同的标准。他们以身体大小和生物多样性认定恐龙当时的霸主地位，按这个标准来看，人类根本没法得高分。我们只是中等大小的生物，而且只有一个物种。此外，我们也不会将这种标准套用在其他生物身上。甲虫大约有 37.5 万种，远远超过哺乳动物。最大的陆生动物是大象，其次是河马和犀牛。不过我们从不会把甲虫或大象视为“霸主”。

总而言之，统治地位的概念完全无法厘清，人们通常也根本不想制定出统一的标准。巴克声称恐龙能够超越早期哺乳动物的说法很有误导性，仿佛这两个群体都在努力变得更庞大和更多样化。对于人类来说，恐龙肯定比早期哺乳动物更令人印象深刻，但它们都延续了很长时间。虽然有所局限，但也许早期哺乳动物也在自己的生态位置中繁荣昌盛，就像如今的老鼠相当成功。

巴克不断用部落、朝代和征服来隐喻恐龙霸权[8]，还融入了帝国扩张和资本主义竞争的暗喻。他的恐龙和哺乳动物有些像在冷战期间争夺全球霸权的苏联和美国。在苏联崩溃后的几十年里，它们又隐喻着微软（Microsoft）和苹果（Apple）这样的国际公司。但是巴克的影响力对科学家的影响要小于对恐龙粉丝的影响，当然也许这就是他的初衷。《恐龙异端》对古生物学家几乎没有直接影响，但为许多古生物艺术家、科幻爱好者和恐龙产品的收藏家带来了灵感。有了巴克为恐龙与人类建立起来的对比，艺术家、科幻作家和许多其他人就更容易以宏大史诗的手法来书写这些史前巨兽，就像撰写人类的史诗。为什么巴克如此关心至少生活在6500万年前的生物是温血还是冷血？更重要的是，为什么他如此期望公众关心这个问题？他似乎打算捍卫恐龙的荣誉，仿佛它们依然在世。许多人都对恐龙有一种认同感，这种感觉很难解释，特别是难以用科学语言解释。我认为巴克将他从恐龙和人类身上感受到的精神亲和力误认成了同样的新陈代谢方式。

间断平衡

在巴克的文章发表几年之后，尼尔斯·埃尔德里奇和斯蒂芬·杰伊·古尔德也在1972年发表了《间断平衡：一种种系渐变论的替代》“Punctuated Equilibria: An Alternative to Phyletic Gradualism”，以求通过更明确、更具哲学精神的方式在古生物学领域中掀起范式转变。在20世纪初期有一个被称为“演化主义”的重要进化论学派，他们认为一个物种演化为另一个物种的过程非常迅速，但到20世纪中叶的时候就已经在达尔文的渐进主义面前败下阵来。埃尔德里奇和古尔德重振了这个理论，声称大多数新物种都是在生殖隔离的个体群体中迅速演化出来的。他们将物种长期保持不变但突然变化的现象称为“间断平衡”，这种模式与库恩的范式转换观点相似。

他们的文章没有引入太多新数据，也没有发现新的演化机制。埃尔德里奇和古尔德提出的观点在哲学和历史上具有与生物学上一样重要的意义。至少达尔文和华莱士（Wallace）就已经知道，地理隔离可以催生新物种，但是埃尔德里奇和古尔德声称这种快速演化是普遍现象而不是例外。他们认为这可以解释化石记录中明显的空白，而这个问题曾让达尔文十分困扰。认为演化是逐渐变化的人会觉得化石记录中缺乏过渡物种很令人费解，但这在相信快速变化的人看来算不上什么问题。埃尔德里奇和古尔德声称要不是研究者都因为盲从传统而将进化视为缓慢的过程，那他们的观点应该会显而易见。研究者需要改变学习方式，因为“新的世界观或大局观比稳步累积信息更能推动科学发展”。[9] 随着他们对突然改变理论的大声疾呼，巴克、埃尔德里奇和古尔德开始间接撼动起许多人眼中僵化的学术界和整个美国社会。

这篇文章引起了几十年的争论，但正如巴克的恐龙温血理论一样，问题本身似乎在辩论中发生了改变。如果不能让这个理论更加精确，那它就无法证明或明确驳斥，但精细化的工作又需要牺牲它的意义和几乎所有革命性的力量。将自己的观点作为范式转变呈现出来就是为了规避研究中过多的琐碎异议，因为作者正确地认识到，大局往往会在大量细节中迷失。但随着讨论的进行，作者不得不添加许多说明、证据和修正，以应对特殊情况，结果让自己的理论失去了激动人心的影响，最终意义全失。[10] 例如，遗传改变不一定会立刻在某个物种中表现出来，也并不一定会留在化石记录中。因此，看似长期稳定的特性可能发生剧变。看似突然的变化可能是隐性基因改变累积之后的爆发。地理隔离可能是物种形成的结果，而不是原因。就像此前的巴克一样，埃尔德里奇和古尔德提出了一个没有太大错误但过于简单的模型。

古尔德和埃尔德里奇都知道，人类最关心的化石记录空白是类人生物与人类之间的鸿沟。虽然一个多世纪的苦苦搜索发现了一些过渡生物，但即使如此，人类似乎仍然与其他动物有云泥之别。在创造论者眼中，这就是人并非演化产物的证据，而对几乎所有其他人而言，这似乎赋予了人类特殊的地位。但根据间断平衡的理论，突然演化非常自然，表明我们就是自然世界的一员。

但是，如果对“物种”没有明确的定义，那“物种形成”也是空谈。即使是应用于当代动物，“属”或“种”等级别的含义也并不十分精确，有些生物学家甚至认为它们已经过时。在18世纪初期首次使用这些分级时，林奈认为它们体现出了上帝命定的自然级别。而今天的“物种”通常可以用来指代任何只能内部繁殖的动物族群，但也有例外。不过不同物种的区分方法仍然非常主观。狗的外貌、大小和颜色有巨大差异，但它们容易杂交，所以都归为犬类。但这种区分标准很难在数百万年前的生物中应用。如果遥远未来的古生物学家挖掘出了如今犬类的骨骼，那他就会认为哈巴狗和爱尔兰猎狼犬是不同的动物。恐怕永远不会有人知道梁龙和重龙能否杂交。

埃尔德里奇最终改变了研究方向，但古尔德继续为间断平衡写下了大量文章，构成了《博物学》（*Nature History*）杂志上非常受欢迎的一个系列。巴克展现出的形象是愤青，而古尔德则是和蔼可亲的老前辈，但他们都使用了非常个人化的笔调，早期的研究人员会认为这种风格缺乏科学客观性。古尔德与亚里士多德（Aristotle）一样，认为科学是由惊异感所驱使，他所写论文的大部分吸引力就是来自这种具有感染力的热情。他会怀抱同样的热情来优雅地书写论点、恐龙骨骼、哥特式大教堂的拱门或棒球运动员挥动的手臂。威廉·佩利等18—19世纪的自然神学倡导者也是以这样的热情探索着自然和社会。但与他们不同，古尔德并没有把惊异感看作神圣计划的暗示。他采用了维多利亚乐观主义的笔调，但没有接受他们的精神。

至少对于古尔德来说，间断平衡是一种校准装置，是“刺穿”和削弱人类自负的手段，正是这种自负让我们难以正确理解世界。就恐龙而言，这意味着虽然它们可能不是我们的远古镜像，但我们之间并没有本体阻碍。这种差异简单来说就是巴克口中的“恐龙就是我们”，而古尔德有力地将它变成了“我们是恐龙”。巴克认为恐龙世界与人类世界基本相同，甚至还有可能将人类的例外主义扩展到了它们身上。而对古尔德而言，人类和恐龙都只是所有生命这场宏大戏剧中的一段插曲。

自库恩著名的著作出版半个世纪之后，范式转变的概念仍在激烈争论之中。在我看来，对它最严厉的批评便是它过度区分了不同的范式，还使它们看似无法比较。就像马丁·拉德威克所说：“即使是经常被视为突然、戏剧性和‘革命性’的观点变化……但历史学家在仔细研究之后，就会发现变化之下有非常明显的连续性，这与自诩胜利者之人想要灌输给同辈人的说法并不一样。”[11]

科学实际上很少或从来不会仅在一个主导范式内进行。日心说、地心说和第谷·布拉赫（Tycho Brahe）的地心－日心综合理论在几个世纪里都同时存在。至少半个世纪以来，达尔文主义者、拉马克主义者和创造论者都致力于生物学研究，如今也时时如此。大约在 20 世纪中叶，许多心理学家都可以在弗洛伊德、荣格、阿德勒、格式塔和行为主义范式之间自由游走，哪种范式最适合解决眼前的问题就用哪种范式。今天的许多物理学家都认为量子力学和相对论本质上水火不容，但还是毫不犹豫地同时使用两者。传统上所说的“基础”可能只是一个大框架中可以替换的元素，而这个框架由相互关联的观察结果、数据、概念、价值观、方法和其他构成科学学科的事物所组成。大多数科学家并不会局限于单独的主导范式，他们使用的范式可能有三四个。

随着辩论的进展，巴克、埃尔德里奇和古尔德都发现自己的范式支离破碎并失去了意义，因此他们无法被正确接受或拒绝。不过在恐龙研究发生争议之后，古生物学界的新发现急剧增加。很可能是因为巴克、埃尔德里奇和古尔德通过撼动死气沉沉的古生物学界激发了研究热情。其他没有那么大争议的原因包括庞大的化石数据库、计算机模拟、更先进的显微镜、曾经被忽视的地方得到了新关注，例如中国、俄罗斯、印度、阿根廷和澳大利亚。这个基本模式远远超出了古生物学的范围，因为几乎每个领域的知识现在都呈指数级增长。

如今的恐龙研究

理论家们很难跟上不断涌现的新信息。不仅理论，就连理论的术语都随时处于被淘汰的危险之中。像所有其他学术领域一样，恐龙研究如今在专业、方法和区域上划分很细，当前的知识很难总结。要定下一个可以代表“正统说法”的简述就更是困难。“恐龙是……”这句话很难用简单、有效又有趣而且不引起争议的方式说完。

如今每年都会有重要的恐龙新发现。大约有85%的非鸟恐龙都是在1990年之后命名的。[12] 自20世纪90年代中期以来，人们发现了大量带有羽毛印记的恐龙遗骸，特别是在中国东北地区。这个观点很快就流行起来，让恐龙有时候几乎和天堂鸟一模一样。

大约一个半世纪以来，恐龙通常都被描绘为孤独的动物，虽然也有例外。这背后并没有特定的理论，而且原因可能很多。它们的形象在一定程度上来自蜥蜴，而蜥蜴通常不是很热爱社交。这种形象也可能反映了有关人类“自然状态”的早期观点，即在《圣经》圣约缔造人类社会之前的状态。最后，这也可能反映了一个崇尚个人主义的时代，当时牛仔孤身策马进入城镇代表着典型的男子气概。但在1979年里，古生物学家发现了蒙大拿州的慈母龙（属于鸭嘴龙）筑巢地。该地保存了几层巢穴，表明慈母龙形成了族群并且一代代都在同一地点筑巢。这说明恐龙能够组织起复杂的社会结构，这个结论很快就在科学界和流行文化中站稳了脚跟。

恐龙的公众形象最初由维多利亚时代的水晶宫建立，其通过将多种异域生物的特征组合在一起而突显出陌生感。这在20世纪初发生了变化，恐龙形象有了新的套路，首先是查尔斯·奈特等人为自然历史博物馆绘制的壁画，后来是辛克莱公司的恐龙乐园。当时的重点是体形庞大。水晶宫恐龙代表着大英帝国，而新的恐龙代表着巨型公司，它们不断“吞噬”较小的公司，偶尔还会互相争斗。随着21世纪的到来，恐龙的形象再次变化，这次在很大程度上是受到了《侏罗纪公园》电影的影响。大工厂让位于数字技术之后，典型的恐龙似乎就不再是暴龙这样的巨兽，恐爪龙和伶盗龙等集体狩猎的小型似鸟食肉恐龙取而代之。这算不上史无前例，因为莱拉普斯龙就是20世纪初很流行的恐龙，它们是类似于恐爪龙的小兽脚类。

敏捷的兽脚类代表着最初规模小、行事灵活而且适应性很强的公司，例如微软和苹果，它们胜过了AT&T和IBM这种巨头。但苹果和微软如今都成了巨头公司，暴龙也依然是霸主。直

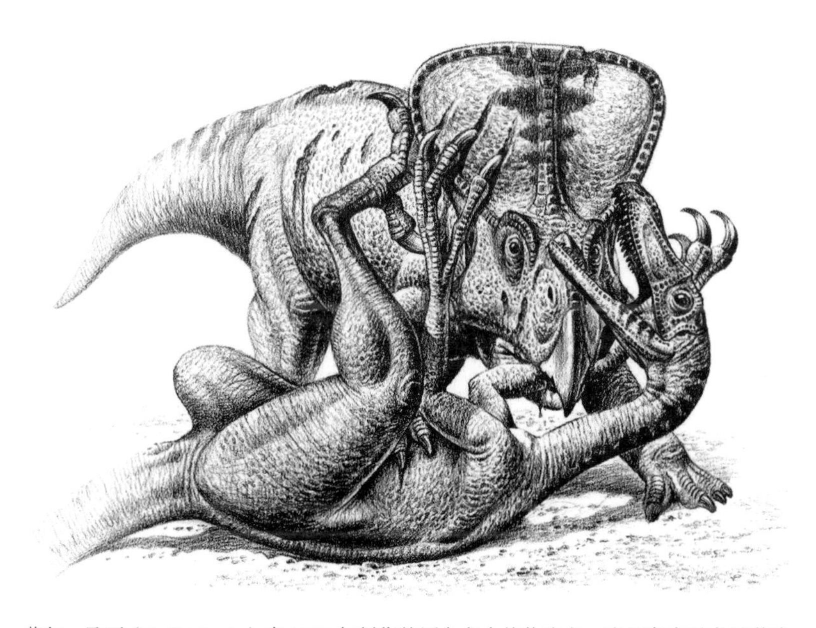

劳尔·马丁（Raúl Martín）在2003年创作的原角龙大战伶盗龙。这是有史以来最激动人心的化石，于1971年在蒙古人民共和国出土。伶盗龙用爪子抓住了原角龙，而原角龙咬住了伶盗龙的前臂。在分出胜负之前，崩塌的沙丘就将它们都埋在了下面。这幅图就是复原了当时的场景

爱德华·科普的“莱拉普斯龙”，出自《美国博物学家》（*American Naturalist*）第三期（1869）。在19世纪晚期的时候，已经有人开始饱含喜爱之情地描绘恐龙，甚至是莱拉普斯龙这种凶猛的掠食者。远处的生物是板龙，这幅图里有科普年轻时犯下的错误：他将头骨放到了尾巴尖上

到2000年，即谷歌书籍词频统计最新数据截止的一年，搜索结果依然显示暴龙在书中的出现频率是恐爪龙的5倍。恐龙独特的自然吸引力很大程度上缘于它们的庞大和古老，研究和宣传都不太可能改变这一点。即使是《侏罗纪公园》电影，也要让恐龙之王在关键时刻出场。

我几乎每个月都会读到恐龙祖先之谜可能已经破解或者有人尝试重新绘制恐龙系谱的报道。但是没有人认为这些想法会引导范式转变，除了费些事重写教科书，它们很少会撼动科学架构。科学家已经学会了更好地适应快速变化，也对不同的观点更加包容。他们更清楚地认识到，科学知识都不能永恒，而且从经验性

观察结果到抽象理论，各个层面都会不断修正。在第二次世界大战之后的几十年里，人们常常因为看似过于僵化的社会秩序而感到窒息，但今天我们更加害怕混乱。也许这就是为什么思想家不再强调自己想法具有“革命性”的原因，不论是恐龙研究还是其他领域都是如此。

20 世纪后期恐龙研究中的争论与文学争论非常相似，主要是受到哲学家雅克·德里达（Jacques Derrida）的影响，两个领域的争论大约在同一时间开始或仅相差几年。和恐龙领域中的研究者一样，文学家也担心自己的学科不够专业，不是地位稳固的学科。它没有具体的方法论，也没有专业词汇。更重要的是，它主要是以比较简单的事实性问题为重点，例如阐释文学参考。与

扬·索瓦克 2006 年绘制的慈母龙。研究者发现了很多聚集在一起的慈母龙巢，表明它们的社会生活比早期研究者的看法更复杂

年轻的古生物学家一样，叛逆的文学学者试图通过提出更深刻的问题和使用更精练的抽象概念来弥补这些局限性。但在文学和古生物学中，20 世纪后期的理论之争现在看来似乎更像是一场停滞不前，而不是未来的浪潮。

古生物学并没有从此看重理论，而且它的地位可能被电脑分去了一部分，而电脑也需要大量信息。尽管研究人员现在可以轻松对比自己的发现与全球数千种其他发现，但是古生物学界依然是以单个的化石为重点。在计算机模拟中，研究和娱乐的分界线变得不太清晰。数字设备的大量使用增加了恐龙研究与流行文化之间的相互依存，电子游戏、虚拟现实和机器人技术里都会应用恐龙的图像。这也在不断提升古生物学的魅力，为这个领域带来更多资金，但学术界可能会认为这略显轻浮。

恐龙文艺复兴最切实的成果可能当属古生物艺术，特别是视觉艺术。这本来是自然历史插图的一个分支，但越来越自成一派，本身的存在感不断增加，而不只是给书籍或展览锦上添花。虽然现在越来越多的边缘艺术也可登上主流艺术博物馆的大雅之堂，例如服装时尚，但到目前为止，我还没有发现有谁开办过古生物艺术展。

尽管如此，自恐龙文艺复兴以来，古生物画家们还是越来越敢于公开推测恐龙的习性和外观。卡尔·比尔（Carl Buell）延续了鲁道夫·扎林格（Rudolph Zallinger）的传统，非常注重描绘恐龙的细节，但扩展了色彩的应用和姿势范围。约翰·古尔奇（John Gurche）在绘画中暗示了故事，尤其是面对猎物的掠食者。扬·索瓦克通过微妙但强烈的光影对比来给恐龙增添戏剧化的色

卡尔·比尔可能是 21 世纪早期最受欢迎的古生物画家，一部分原因是他的作品比较乐观。他没有强调灭绝即将来临或血腥的战斗。大部分场景都明亮晴朗，就连捕食场面都很有趣

卡尔·比尔绘制的沃氏副栉龙。很多恐龙都有特别引人注目的特征，图中恐龙就具有向后延伸的巨大头饰

彩，路易斯·雷伊（Luis Rey）则以明亮奔放的幻想色彩描绘恐龙。杜格尔·狄克逊（Dougal Dixon）甚至发明了新的恐龙。很少有古生物艺术家会特意用恐龙来映射当代问题，但是已故的埃利·基什（Ely Kish）在深刻的悲苦气氛中描绘恐龙，以戏剧性的手法表现出了气候变化的危险。[13] 即使科学研究还没有确定羽毛和习性特征，现在的恐龙也经常身披颜色鲜艳的羽毛而且姿态非常活跃。[14] 此外，艺术家必须应对知识爆炸和更新过快的挑战。他们还面对着数字媒体的竞争，以及让艺术屈服于技术的诱惑。[15]

扬·索瓦克绘制于 2006 年的肯氏龙。除了恐龙本身，最近的古生物绘画也很注重栖息地的描绘。索瓦克会利用光影来给自己的叙事服务

路易斯·雷伊绘制于 2000 年的暴龙和巨鸡。这种生动的想象让雷伊成了 21 世纪的顶尖古生物画家之一

我们能够知道什么

科学的兴起也伴随着宗教基要主义的兴起，这在今天看来可能有些矛盾。科学兴起于西方也有些奇怪，因为西方传统宗教的宇宙观不如佛教或印度教那么科学。亚洲宗教始终融入了深时，以及动物和人类的差异在流动的概念。现代科学崛起于西方的原

因可能是现代早期的西方宇宙观非常僵化，反而成为检验观察结果的模板。

放在更僵硬的基要主义下解释时，《创世记》中的创世故事以及挪亚与洪水的故事就是解释自然现象的框架。《圣经》提供了一个看似不变的常量，可以用来衡量后来的发展。人们逐渐不再坚信《圣经》的字面解释，因此需要其他常量来取而代之。在早期达尔文主义者看来，这个常量应该是地理活动，而赫顿和莱尔这样的理论家认为应该是永恒。随着越来越多的常量（包括空间和时间的本质）受到质疑，科学也变得越来越抽象和晦涩难懂。但科学家必须向公众证明自己的工作合情合理，这就让研究不能太过深奥，尤其是恐龙研究，视觉图像非常重要。作为科学和流行文化之间的融合点，恐龙研究一直充斥着特殊的紧张局势。

我们的语言，无论是流行语言还是科学语言，都旨在描述解剖学上的现代人类所体验到的世界。当它扩展到距离我们非常遥远的事物，例如恐龙、物种和温血等基本概念时就开始崩溃，需要厘清的地方越来越多。诸如“优越性”之类高度抽象和会体现出价值的词汇更是如此。就连我们通常的时间概念都不再理所当然，因为日和年之类的参数也不再恒定。前现代文化可能已经直观地感知到了这一点，也许这就是他们几乎从未尝试描述历史超过一万年事物的原因。而在现代，我们将自己的阶元投射到了遥远的过去，并成功地以非常细致入微的方式将那个时代描述了出来。但即便是对远古时代最精细的复原，其中也包括了没有说明的假设和无法解释的概念。

在描述和衡量变化时，我们必须比较它们与不变的事物，后者可能是天或英尺等测量单位，也可能是凶猛等性质。如果我们要描述一种恐龙，例如暴龙，那就要将它与现生动物进行无数没有言明的比较。如果我们说这个生物“巨大”，那就要与现生陆生动物对比。如果我们说它“可怕”，那就会激起更多样、更个体化的体验。

继续在时间中回溯之时，表观常量就显得更加可疑。恐龙生活在数百万年前，而年是由天组成，那如果地球的旋转速度有过改变呢？事实上，现在的科学家认为地球转速在漫长的时间中大大减缓了下来。目前，最精确的时间测量是通过放射性元素衰变的速度测量，这是几个世纪前人们所无法理解的技术。即使是对科学家而言，以这种方式探讨地质时间也经常过于繁难、不符合直觉。我们怎么能如此确定衰变是以恒定速度发生的？我只能将这些艰深的问题留给专业哲学家。我现在的观点是，在想象恐龙和它们的世界时，我们会不断遭遇认识论问题。

这场讨论最重要的地方在于，恐龙研究与更广阔的文化趋势的关联是何其密切。我们仍然会以许多相互矛盾的方式来描绘恐龙世界，它们都在一定程度上借鉴我们自己的形象。它注定失败，因为大型恐龙都已消失，但也透露着希望，因为小型恐龙演变成了鸟类。它很僵硬，因为大多数恐龙最终都无法适应全球变化，但也很灵活，因为它们演化出了多种形态。这个世界十分精彩，因为它有许多与人类社会相似的东西，但也因此而非常糟糕。无论如何，恐龙总是人类的化身，因为它们曾经强盛，但在更加强大的宇宙力量面前无能为力。

“文艺复兴”一词本来是指重拾希腊罗马神灵和古典世界的

其他事物，特别是在 14 世纪和 15 世纪的意大利。现代社会里的恐龙扮演起了中世纪里前基督教神灵的角色，而恐龙狂热是向人类妄图驱逐或驯化的不可知的自然力量致敬。就在我撰写本书时，飓风哈维、厄玛和玛丽亚以前所未有的规模摧毁了美国的部分地区。它们在一定程度上是气候变化的产物，这也是人类活动的后果，让我想起恐龙逃离主题公园的场景。虽然《侏罗纪公园》的小说和电影在很多问题上都很投机取巧，甚至庸俗，但依然包含了关于人类控制力极限的严肃信息。恐龙一样的力量一旦出现，就不会困于人类竖立的高墙内。这个系列在疯狂的商业化中削弱了这条信息，但这个主题会以创造者从未想象过的方式发展起来。

CHAPTER 6

现代图腾

"你可不能再管它们叫恐龙了，"由勒斯（Yo-less）说，"这是物种歧视。你得叫它们石油前人士。"

——特里·普拉切特（Terry Pratchett）

《乔尼和炸弹》（*Johnny and the Bomb*）

我们会情不自禁地认为恐龙在某种意义上和我们处于同一个时代。科学家手中复杂的生物年代表简单地内化。在人类的想象中，6500万年前（恐龙灭绝）、1.8亿年前（恐龙诞生）、20万年前（人类出现）或45亿年前（地球形成）之间并没有太大区别。这些年代都太过漫长，难以理解，即使想尝试着理解，它们似乎也会模糊地混淆在一起。深时很容易让人感觉到永恒。

宗教历史学家米尔恰·伊利亚德（Mircea Eliade）在《永恒回归的神话》（*The Myth of the Eternal Return*）中说过，犹太-基督教宣称线性时间会不可避免地终结，让人产生只有最终救赎

美国的《阿利·欧普》(*Alley Oop*)漫画主题邮票，这部漫画创作于1932年，主角是和恐龙生活在一起的一名尼安德特人

的承诺才能缓解的恐惧。这可能表现为《圣经·启示录》中的神秘神化，也可能成为马克思主义中的世俗形态。后者可能表现为模糊的“进步”概念。[1]但根据伊利亚德的说法，大多数人都不能忍受没有明确意义、方向、目标或目的的持续变化。恐龙的历史似乎证实了这一点，因为人们不断地努力否认它们最终灭绝，即使时常只是幻想。流行文学，甚至是科学文献都充斥着恐龙在偏远地区幸存下来或者由人类复活的故事。时间旅行到恐龙时代的小说也长盛不衰，包括H. G. 威尔斯（H. G. Wells）、雷·布拉德伯里（Ray Bradbury）等许多作家的作品。[2]

根据1990年的盖洛普民意调查，41%的美国人认为人类曾和恐龙生活在同一个时代。[3]人类和恐龙会在《阿利·欧普》之类的漫画书、《摩登原始人》这样的动画片，以及《侏罗纪公园》等电影里相互交流。2008年，历史频道开设了“侏罗纪搏击俱乐部”（Jurassic Fight Club）系列，让两只由计算机生成的恐龙相互战斗，例如恐爪龙和腱龙，而人类解说员会以拳击比赛的形式讨论它们的战略和战术。小说里还有一个“恐龙情色”流派，例如《暴龙掳走我》和《三角龙硬上弓》。许多基督教基要主义者认为大多数恐龙都是在大约6000年前消失的，因为挪亚没有让它们进入方舟，但是他肯定拯救了一些恐龙，而它们的后裔今天依然存在。肯塔基州威廉斯敦的创造论博物馆陈列着巨大的方舟模型，里面摆放着安置恐龙模型的畜栏。

早在1856年，水晶宫官方指南里说翼龙“很可能是古老的传说之龙”[4]，暗示有人看过活的翼龙。公园刚开放不久，著名的博物学家菲利普·亨利·戈斯（Philip Henry Gosse）就提出，海

海蛇，出自汉斯·埃格德（Hans Egede）的《旧格陵兰新探》（*The New Survey of Old Greenland*，1734）。菲利普·亨利·戈斯认为这个生物的鳍和其他海蛇目击证词都表明蛇颈龙依然存在

员目击的诸多大海蛇实际上是蛇颈龙。[5] 自 19 世纪以来，苏格兰的尼斯湖水怪就常被描述成蛇颈龙，在世界大部分地区的湖泊传奇生物都得到过这个待遇。声称目击大海蛇的海员至少有数百人，甚至达到数千人，还有人说它们拥有巨大的眼睛，而这是鱼龙最明显的特征。[6] 阿瑟·柯南·道尔（Arthur Conan Doyle）曾声称看到过这种生物中的幸存者。[7] 一个多世纪以来，目击怪物魔克拉－姆边贝（Mokele-mbembe）的说法在中非广为流传，很多人认为这就是巨大的迷惑龙，有关它的谣言足以吓坏整个村庄。[8]

即使是科学家也无法完全抵抗和恐龙面对面交流的诱惑，有人还半开玩笑地提出了各种复活恐龙的办法。20 世纪后期以来就一直有一场争议性活动：通过 DNA 克隆来复活已灭绝的动物。最有希望的候选人可能是旅鸽，它们在 20 世纪初才灭绝。更雄

海蛇，出自菲利普·亨利·戈斯的《博物罗曼史》（*The Romance of Natural History*，1860）。《创世记》和古生物艺术都时常使用严酷荒凉的景象和明亮的光线

复原成蛇颈龙的尼斯湖水怪，位于苏格兰的尼斯湖

心勃勃的目标是猛犸象，它们灭绝的时间不到 1 万年。但是克隆恐龙是最终的挑战。迈克尔·克莱顿极受欢迎的两部“侏罗纪公园”小说和小说改编的电影都是以此为基础。

侏罗纪公园的小说出版之后，科学家更深入地认识到了 DNA 的局限性。一方面，它们很不稳定，即使在有利的条件下，一半的 DNA 链也会在 521 年内降解。碎片可能会存留 100 万年，但非鸟恐龙在 6500 万年前就已经灭绝。此外，DNA 本身不足以决定有机体的发育过程，这还需要其与环境的相互作用。

古生物学家杰克·霍纳在《如何重塑恐龙：逆向演化的新科学》(*How to Build a Dinosaur: The New Science of Reverse Evolution*,

古斯塔夫·多雷 1873 年创作的约翰修士遭遇海怪，出自拉伯雷（Rabelais）的《巨人传》（*Gargantua and Pantagruel*）。注意，怪物具有巨大的眼睛，类似于鱼龙

2010）一书中提出了另一种至少能在理论上复活恐龙的办法。鸟类是恐龙的后代，因此鸡胚胎可能仍然保留着能发育出恐龙的潜力。我们可以通过将胚胎暴露于一系列蛋白质分子中来调整胚胎，以使其发育成祖先的形态。但霍纳承认，我们几乎没法知道

费尔南·贝尼耶创作的插画，出自卡米耶·弗拉马利翁的《人类诞生之前的世界》（1886）。在接下来的几十年里，很多流行出版物都会借鉴恐龙以后肢站起，并透过窗户窥视高楼这个形象

该使用什么顺序，甚至不知道能否制造出远古的恐龙。此外，即使我们以这种方式完成了创造恐龙这个几乎不可能的任务，它仍然只是鸡的祖先[9]，而不是梁龙或暴龙之类的巨兽，但这些恐龙才始终是真正吸引我们想象力的主角。

旅鸽和渡渡鸟的现代性在我们眼中远不及恐龙，因为我们将最近灭绝的鸟类归入了明确定义的历史背景中，那个时代的风俗、技术和服装也非常明确。但我们无法以同样的自信精确重建起恐龙的世界，因此我们将它们视为时间之外的生物。在将恐龙的时代推至无比遥远的过去之后，我们让它们几乎成了当代生物。

现代文化

W. J. T. 米切尔（W. J. T. Mitchell）曾写道："对恐龙最准确的理解就是现代文化的图腾，它们将现代科学与大众文化融合在一起，将经验知识与集体幻想融合在一起，将理性方法与仪式行为融合在一起。"[10]简而言之，米切尔认为我们会使用恐龙来代表关于社会的各种想法。他还指出，恐龙相当于我们的祖先，因为爬行动物时代早于哺乳动物时代。最后，有时被称为"恐龙狂热"的疯狂赋予了恐龙神奇的光环，这种光环围绕着它们的挖掘和展览，还附带有各种各样的仪式和禁忌。[11]根据米切尔的说法，恐龙"是现代时间感的缩影，同时代表着古生物学中的'深远'地质时间，以及现代资本主义所特有的创新和淘汰周期"。[12]恐龙的形象经常是在战斗，它们始终在为了生存而相互竞争，与现代企业和帝国如出一辙。它们的故事包含物种、理论和地质时代

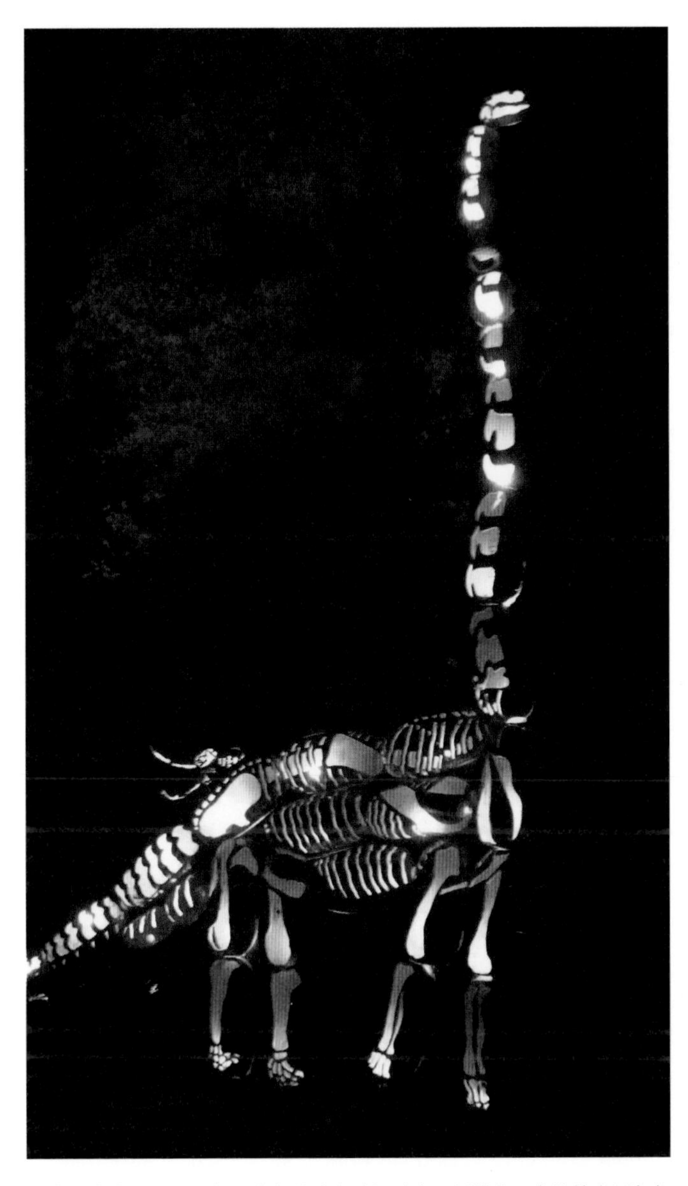

南瓜灯做成的迷惑龙，2016 年。在纽约哈得孙河畔克罗顿的范 · 卡兰特庄园每年一度的南瓜灯盛会上，恐龙尤其引人注目。展览中有令人眼花缭乱的神话人物和历史人物，大部分都是由南瓜灯做成的

马萨诸塞州迪尔菲尔德博物馆前面的金属恐龙雕塑。它是一场地质和恐龙足迹展的吉祥物

的一代代演替，就像资本主义社会的时尚和流行。

更广泛地说，现代以时间越发商品化为特征，时间不断分为可以买卖的单位。手表最初不过是身份的象征，后来逐渐成为几乎随处可见的配饰。工厂要求工人上下班定时打卡，几乎每个人的生活都桎梏在越来越详细的时间表之中。客观化的时间观念叠加在我们对它流动的主观感觉之上。

米切尔至少已经发现了恐龙与现代之间极为紧密的联系。这个时代最明显的特征是重工业崛起、规模经济、资本主义、国家社会主义和传统的急剧消亡。随着19世纪初现代社会的开端，恐龙也为人所发现，或者说在社会中占有了一席之地。这个过程主要发生在英国，他们当时是无人能敌的世纪工业和商业领袖，不过法国、比利时、荷兰和德国等其他工业强国也做出了巨大贡献，但英国是工业和商业领域无可争议的领导者。在19世纪末和20世纪初，随着美国开始成为世界上最强大的工业国家，它也成为收集和展示恐龙骨骼的领袖。最近也有国家就世界最大经济体的地位向美国发起挑战，于是恐龙研究中心也正在转移。

我们神话中的祖先

“图腾崇拜”是一个很难精确使用的概念，但它的含义太过丰富，也不能说不合逻辑。自人类学家在大约一个半世纪以前开始使用这个概念之后，它就一再遭遇重新定义、废弃、遗忘、忽视和复活。它代表着动物或植物与某个人群之间的亲密关系。19世纪和20世纪初的理论家认为，图腾通常是某个人群神话中的祖先。克洛德·列维－斯特劳斯（Claud Lévi-Strauss）反对这个想法。他在《野性的思维》（*The Savage Mind*）和其他作品中将图腾崇拜解释为借鉴自然界模型建造人类社会。换句话说，图腾社会认为自然世界中不同的动物和植物形象地代表着人类社会中的关系。[13]

米切尔的灵感大多来自列维－施特劳斯，但施特劳斯强烈反对图腾崇拜代表着自然界与人类之间突然分化这个观点，而他对此不能认同。[14]如果两者不是有明显区别，那一者就不能成为对方的模板。虽然这种分化是现代西方的特征，但对大多数原住民文化来说比较陌生。在列维－斯特劳斯的年代里，这种分隔似乎是合理的，但过去几十年的研究表明，在看似绝对原始的环境中，人类依然起着重要的塑造作用。北美洲的印第安人在平原上放火，以免树木生长，改变着定居点周围的环境。亚马孙的部分地区曾经遍布人类居住区和农田。即使是“野性自然”的概念也是人类的手笔，鹿之类似乎是可以体现这个概念的动物，实际上也在几个世纪或数千年里都与人类紧密联系在一起。

但米切尔将图腾崇拜套在恐龙身上时，这个理论就并不合适。我们可以将恐龙视为最纯净的自然，没有被人类的活动玷污。讽刺的是，列维－斯特劳斯的图腾崇拜概念可能最适合用在这里。恐龙永远不会成为我们的宠物，永远不能帮助我们干活。我们所做的一切都不会威胁或保护它们。研究恐龙无助于治愈或预防疾病，也不可能对当代生态有直接影响。研究的实际意义都很遥远间接，至少已经接近于哲学。但恰恰是因为恐龙不会影响人类的利益，所以很容易吸收人类的意义。自然与文明之间的二元性曾经几乎贯穿维多利亚时代的所有思维，而现在几乎成了遥远过去和现在之间关系的代名词。今天的所有事物都沾染了“人类”气息；而当时的所有事物都是“恐龙”。中生代时期已成为我们理解自身所处时代的模板。当我们凝视着那面镜子的时候，恐龙也回望着我们。

但在米切尔笔下，图腾崇拜的意义经常不同于列维－斯特劳斯或其他人类学家的看法。他承认图腾通常是我们熟悉的动物，但实际上没有人见过恐龙。他还补充说，恐龙可以具有图腾的意义，这恰恰是因为我们与大多数原住民不同，会以科学的名义否定恐龙的神秘能力[15]，将它们的超自然特性压制在潜意识中。这

纽约的唐人街在庆贺 2017 年春节。中国龙结合了很多动物的特征，例如蛇、牡鹿、鲤鱼、骆驼和鹰，它们的形象至少在一定程度上受到过恐龙骨骼的影响

其中还有米切尔没有提到的差异。我们通常认为具有图腾的是部落或国家，而不是历史时期。而米切尔似乎将现代人视为历史长河中种种人类群体里的一个部落。

我想进一步澄清米切尔所说的“现代主义”，因为像“图腾崇拜”一样，这也是个因含糊而出名的概念。它是指所有现代人和观念，还只是指坚持某种理念的人？历史学家通常将现代定义为 1801 年至 1950 年。文学学者通常在日期上更加灵活，许多人可能会将现代末期放在 20 世纪 60 年代甚至 70 年代初。但无论如何，现代至少已经结束了半个世纪。恐龙狂热的巅峰可能是

1964 年的辛克莱恐龙乐园，它用静态怀旧的方式表达了恐龙的宏伟。但如果现代是新的恐龙时代，那恐龙狂热在它结束之后何去何从？

米切尔预计我们对恐龙的迷恋会逐渐降温，让它们沉寂于艰涩的学术研究。他认为这个恐龙狂热的巅峰不是恐龙乐园，而是《侏罗纪公园》的小说和改编电影，并发文提出，这是否“是恐怖蜥蜴的最后一次狂欢，因为预感到自己会二次消失”。[16] 在他看来，小说和电影是 150 多年来恐龙狂热的顶峰，这份热情可能会就此耗尽。他还认为，通过在《侏罗纪公园》中巧妙挖掘恐龙崇拜的种种价值，克莱顿和斯皮尔伯格暴露出了一开始就存在的矛盾，例如纯科学与商业之间的矛盾。

什么是“恐龙”？我们能否正确对水晶宫、辛克莱恐龙乐园或《侏罗纪公园》中的怪物使用这个字眼？我们能否将它应用于玩具或电子游戏中的角色？理查德·欧文在 1842 年首次创造这个词的时候，并没有考虑到演化后裔，而只考虑到了看似相似的动物。虽然参考了解剖结构的研究，但最终的判断还是来自直觉。在 19 世纪 80 年代后期，亨利·西利（Henry Seeley）基于臀部结构将恐龙分为剑龙和三角龙等鸟臀类，以及迷惑龙和暴龙等蜥臀类。虽然不是十全十美，但这种分类在今天依然广为使用。这也引发了一场漫长的辩论，即这两个群体有无共同祖先，现在的古生物学家大多会给出肯定的回答。如果恐龙不是单系分类群（均为同一共同祖先的后代），那么从科学家的角度来看，“恐龙”一词就会成为“民间分类”。不过这几乎不会对公众产生任何影响。

解剖学和演化后裔的艰深辩论对大多数人来说都没有太大意义。恐龙狂热从来都不是只和恐龙有关，至少不是只和古生物学家眼中的恐龙有关。其中涵盖了多种严格来说都不是恐龙的生物，例如蛇颈龙和翼龙。而体形不大且没有夸张特征的恐龙没有包括在内，至少没有全部包括在内。恐龙狂热的主角是我们眼中的“龙”。现代人想要突然摆脱过去，让科学的恐龙和神话之龙产生明确区分。但至少在流行的传说中，恐龙从来都不完全是科学的化身，而龙也不完全属于神话。两者始终都是混合了事实、猜想、传统和幻想的产物。恐龙玩具、《侏罗纪公园》等电影和其他流行娱乐活动模糊甚至消除了两者之间的界限。

恐龙狂热的未来

与米切尔不同，我不相信公众对恐龙的迷恋很快就会消失。它们仅凭巨大的身体就能产生巨大的吸引力，并且在整个生命历史中都没有哪种生物可以与它们比肩。此外，它们与可以追溯到历史开端甚至更久远年代的神秘传统交相辉映。但是，随着现代的远去，恐龙狂热也会变得截然不同。

这就提出了一个更深远的问题：取代现代的时代会是什么。“后现代”一词出现于20世纪70年代中期，通常被称为极端折衷主义，使用者可以随意借鉴不同时代和运动的风格、主题和说辞。在这个十年结束时，让－弗朗索瓦·利奥塔（Jean-François Lyotard）发表了法文的《后现代状态》（*The Postmodern Condition*），以此全面提出后现代主义理论，这也是20世纪最有

1996 年，新罕布什尔 2 号公路圣诞老人村城堡边的恐龙，约翰·马戈利斯创作。后现代的一大特点是将各种风格、主题和时期混合在一起。图中是中世纪城堡前的恐龙，而它们都身处美国风格的圣诞老人家园之中

影响力的著作之一。根据利奥塔的说法，从现代到现在的基本变化是："宏大的叙事"不再是我们追求知识的正当理由。[17] 所谓宏大叙事不仅包括法西斯主义、美国民主等制度美化过的历史，还包括更为基本的现代科学。所有宏大叙事中最伟大的自然是历史长河中的生命，它们在许多教科书和博物馆展览中复原，其中的演化巅峰都是人类。在这场叙事中，恐龙获得了现代意义，成了人类崛起的预兆，甚至是人类的模板。它们仿佛就是人类创造中的失败案例，就像赫西俄德《神谱》中的青铜人或玛雅神话中的木人。这个毫不掩饰人类中心主义的故事不能再激发人们的信心。

在《我们从未现代过》（*We Have Never Been Modern*，1991）一书中，布鲁诺·拉图尔认为现代的特点是一系列技术、科学、政治、商业和文化剧变，人们试图彻底抹掉过去，或者至少让它变得无关紧要。但他认为我们不可能这样斩断过去，废弃的模式和制度都会不断在新体制中冒出头来。[18]"恐龙"代表龙再次出现无疑就是一个很好的例子。

破坏之后怀旧就是现代性的节奏。美国革命废除了贵族头衔，但这个国家很快就产生了巨富的精英阶级，例如范德比尔特（Vanderbilt）和洛克菲勒家族，他们建造了精美的宫殿，收集艺术品，培养起贵族品位，甚至经常与欧洲贵族通婚。也许恐龙成为现代图腾的原因就是它们已经灭绝。换句话说，它们代表着现代人努力消除但又开始怀念的所有事物，例如国王、贵族、原住民文化、宗教、乡村道路，尤其是自然世界。

人类学家菲利普·德斯科拉（Philippe Descola）提出了另一

种理解“图腾崇拜”的方法。他认为这是一种本体论，其中的基本单位既不是物种也不是个体，而是环境和许多生物的集合。这在澳大利亚原住民中最为明显，他们可能是世界上未曾中断过的文化中最古老的一支。图腾的集合可能以地理特征为中心，例如特定的岩石或泉水，也可能由负鼠或螳螂等特定的动物所代表。[19]

在这个历史时刻，以人类中心视角看待现代主义的做法受到了很多攻击，特别是来自环保运动的抨击。过去几个世纪的许多恐怖事件和灾难都被归咎到了它头上，例如美洲原住民几乎灭绝和核武器，这些事情耳熟能详到几乎不需要专门提起。最近，许多人认为现代性至少要为地球上的第六次大灭绝负起一定责任，这次灭绝有可能会消灭至少一半现有物种。许多人提出了以生态中心和生物中心观点来代替现代性，但这些观点通常都很模糊不清。

我相信德斯科拉的图腾崇拜概念可能给出了一些线索，让我们可以推断出自己和其他生物——特别是恐龙——会在未来几十年和几个世纪里形成何种关系。或许我们可以更全面地看待自己，不再仅仅是从现生物种中寻找自己的影子，还要考虑到过去或想象中的生物。而两者兼具的恐龙肯定也在其中。人类学家马歇尔·萨林斯（Marshall Sahlins）用一个范式做了总结，“亲属关系体现出了存在的相互性”，这个范式主要是针对原住民文化。[20]与猿不同，恐龙可能在生物学上和我们没有太大亲缘关系，但它们在这个意义上是我们的“亲属”。

正如本书开头所说，在神话和民间传说中，遥远过去是由大型爬行生物主宰的看法十分常见。西方中世纪传说中的龙往往是异教徒时代的孤独幸存者。但是在现代，最类似于恐龙崇拜的事物可能是澳大利亚原住民的梦创时代。传说在这个时代里，类似于爬行动物的强大生物，例如彩虹蛇和巨蜥，创造了我们的世界。巨大的岩石或溪流等地理特征在澳大利亚神话中具有重要意义，在某种程度上可与古生物学中的恐龙化石相媲美——它们都让远古置身于现在，让人感到可以直接接触。

但这种创造也不仅发生在遥远的过去，更是在世界不断更替的过程中永远重复。就像当代文化中的恐龙一样，彩虹蛇等形象也是永恒的存在。澳大利亚原住民有时甚至认为恐龙就是梦创时代的远古生物。在昆士兰州的约克角地区，据说有一种叫作“布伦乔尔”（Burrunjor）的神秘生物，类似于异特龙。在澳大利亚北部和中部的部分地区有被称为“库尔他”（Kulta）的草食动物，类似于迷惑龙。[21]

或许“图腾崇拜”的概念必须个体化，但我并不会因此而认为它毫无意义。“爱”或“恐惧”等其他字眼也是如此。它们在两个人的眼中可能永远都不会完全相同，但依然可以帮助我们相互理解。米切尔将恐龙视为“现代图腾”的想法至少非常矛盾。“现代”这个词仍然暗示着新事物，我们将恐龙与遥远的过去联系在一起。他眼中的图腾和前辈列维－施特劳斯以及几十年前的德斯科拉所说的图腾并不一样。在不选择特定含义的情况下，这个词会让我们感到恐龙世界与我们自己的世界之间有许多相似之处。

恐龙之间的遗传和形态差异对应于人类前所未有的文化差异，而我们认为我们都是特定时代的“霸主”。种类众多对应于我们的国家、部落、文化或职业。它们的凶暴类似于我们对其他

澳大利亚北部地区卡卡杜国家公园，乌比尔的古代原住民彩虹蛇岩画，创作于 2000 年前

生命的无情。它们的大小和力量对应着我们的智慧。从恐龙身上感知到的相似之处又让我们发现了差异，它们同样充满戏剧性。恐龙延续了大约 1.75 亿年，而解剖学上的现代人类仅仅存在了 20 万年。恐龙灭绝了，而我们现在面临来自核战争和气候变化等诸多威胁。也许我们不能把它们称为“祖先”，但我认为我们可以将恐龙视为“大哥”。

CHAPTER 7

灭 绝

罗伯特·奥本海默（Robert J. Oppenheimer）听说原子弹测试成功时说道：“我现在成为死神，万千世界的毁灭者。”

“巨大、凶暴、已经灭绝。”被问及为什么儿童如此喜爱恐龙的时候，儿童心理学家谢普·怀特对斯蒂芬·杰伊·古尔德做出了这样的回答。[1]这个简洁有力的定律并不是恐龙的专属，它可能也适用于穿盔甲的骑士或者长毛猛犸象。不过它非常精准地总结出了恐龙的浪漫。“巨大”和“凶暴”主要是满足了冒险的渴望，而“灭绝”的心理学意义更加复杂，乍看之下可能和前两者截然相反。明白死亡是儿童要逐渐经历的过程，而人类实际上从未真正理解死亡。理解灭绝就更加复杂，因为这要考虑到漫长时间里一个接一个的时代。

物种灭绝和个体的死亡本质上没有区别。没有人真正理

古斯塔夫·多雷创作于1866年的《利维坦的灭亡》(*The Destruction of Leviathan*,《以赛亚书》)。《圣经》中只简略地提过几次利维坦(Leviathan),但它成为很多犹太教和基督教传说中的主角

解过死亡，但成年人至少在大部分时间里习惯于接受死亡。即使是在今天，大多数儿童第一次接触到死亡的途径也是动物。80%~90% 的美国儿童都是因为宠物死亡而面对心爱之物的离去。[2] 可能恐龙因为灭绝而和远去的宠物相似，这也是玩具制造商时常采用的形象。

恐龙已灭绝，为儿童和成人平添了一份安全感和怀旧感。旅鸽四处可见的时候，我们对它们的喜爱远不及今日。农民曾认为鸽子会危害农业。随着像西伯利亚虎之类的动物变得罕见、濒临灭绝，它们就身价百倍起来，而且近乎神圣。我们的自然历史博物馆实际上是一座座陵墓，不断地向我们提起死亡和灭绝，例如毛绒动物玩具和恐龙骨骼。

灭绝的想法对人类而言从不陌生。赫西俄德在《神谱》中谈到了三种创造失败的人类，他们都最终灭绝。哲学家恩培多克勒（Empedocles）认为头部、四肢和躯干会产生无穷无尽的组合，其中只有极少数能生存下来。甚至《圣经》中的挪亚方舟故事都承认灭绝确有可能，否则根本不必让动物上船。在《圣经·启示录》中，野兽被扔进燃烧的湖里，这可能是灭绝的隐喻。一则犹太传说提到，世上曾有两头海怪，一雌一雄。它们太过庞大强壮，因此耶和华担心它们的数量增加之后可能会摧毁世界。于是他杀了雌性海怪，但是为了让剩下的海怪不感到孤独，上帝每天都在黄昏时和它玩耍。世界末日临近之时，这头巨兽也将被杀死，它的肉会成为义人的食物。

但这些可能并不是现代意义上的灭绝，因为它们都发生在神话之中，而不是真正的时间之中。林奈将生物划分为属和种等类别实际上代表着集体不朽的理论，因为它的基本观念是生命有永恒的本质，因此不会灭亡，或者至少可以在条件合适的情况下重现。至少在19世纪的大部分时间里，人们普遍认为生物个体可能会生生死死，但物种本身会永远持续。托马斯·杰斐逊（Thomas Jefferson）是美国第一批化石收藏家之一，他在《弗吉尼亚笔记》（*Notes on the State of Virginia*，1787）中写道："这就是自然体系，没有什么例子可以证明她会让自己的物种灭绝。"[3]

自18世纪早期以来，美国殖民地就已经发掘出了乳齿象和猛犸象的骨骼，它们当时被称为"神秘兽"或"俄亥俄动物"。杰斐逊坚信人们最终会发现它们依然在世，以驳斥布丰伯爵的理论：新大陆气候会造成动物体形缩小。1803年，已是总统的杰斐逊派遣梅里韦瑟·刘易斯（Meriwether Lewis）和威廉·克拉克（William Clark）探索西部各州，目的之一就是找到这种生物。但几乎在同一时间里，巴黎的居维叶研究了猛犸象和乳齿象的化石遗骸，对它们做出了区分，并提出它们与现生大象都没有太多相似之处，必然已经灭绝。

灭绝理论

居维叶是一位依赖经验的科学家，他因为比较解剖学上的造诣而闻名，但对理论思辨几乎毫无兴趣。1803年，他被任命为法国科学院物理系常任秘书。凭借这种身份，他可以轻松接触最新发现的动物骨骼，例如乳齿象、大地獭、翼龙和沧龙。在《地球理论随笔》中，他宣布了动物最终会灭绝的假说，即后来的

乔治·居维叶男爵，他用略显忧郁的表情看着观看者，手中的化石象征着死亡，甚至可能预示着所有物种都难逃灭绝

“灾变说”。地球在不同的阶段里拥有不同的动物，但它们都在地震等一系列大灾难中灭绝，而《挪亚之书》（Book of Noah）中记载的洪水不过是最近的一次灾变。每次灾难之后，生命都会重塑，但可能最后一次除外，因为动物得到了挪亚的拯救。

这设想中的暴力以及生命可分为很多阶段的观念，无疑——至少在无意识里——受到了当时政局动荡的影响。居维叶的事业日益成熟之际，他的家乡法国的旧制度也被推翻。随后又是一系列革命政府、拿破仑（Napoleon）独裁和波旁王朝的复辟。他一直不关心政治，而且能在每个派系的统治下滋润过活。在革命、政变和征服中当权的一个个政府暗喻着生物历史中类似的阶段。用居维叶的话来说："旅人穿过肥沃的平原时……除了战争的蹂躏或强人的压迫，土地从未受过打扰，他就不会想要相信自然也有内战，也不会相信地表曾被一连串革命和各种各样的灾难所扰乱。"[4] 连续的暴力和革命事件让居维叶渴望稳定。他是虔诚的新教徒，会定期去教会，而且认为早期演化理论会同时威胁到理性和社会凝聚力。

如果就像居维叶所说，所有的生命都遭遇过灾难带来的连续灭绝，那后来的新生命又是如何创造出来的？可能就是因为无法澄清这一点，他的观点才最终输给了达尔文的进化论。不过他的观点吸引了很多希望能将传统宗教与自然历史相结合的人，因为它为无数世代里的神圣干预和引导留下了很多空间。19 世纪最受欢迎的博物学家、作家约翰·乔治·伍德（J. G. Wood）在提起中生代的时候写道：

> 巨大的蜥蜴用沉重步伐震动着地面，它们在淤泥里翻滚，或在水面上蜿蜒滑行。而有翼的爬行类鼓动翅膀穿过沼泽地上湿重的有毒水汽。它们与我们一样，都必然会向更高的阶段发展，而衰老和不健全的生物会消亡，为更高等的新生物腾出空间。[5]

伍德认为大自然在很大程度上是宗教和道德教育的宝库，因此他对人类之前的世界没有太大兴趣。之前的生物都只是为男人和女人的到来做好准备。

但恐龙在居维叶宣布灭绝理论后不久就重见天日，这并非巧合。虽然人们花了很长时间才认识到灭绝的影响，但灭绝在人类学上造成的焦虑可能至少与演化一样明显。后者讲述了生物的起源，但灭绝说明了它们最终会去往何方。和进化论一样，灭绝理论起初很少会用在人类身上。达尔文圆滑地没有在《物种起源》中提及人类演化，在将近20年后的《人类的由来》（*The Descent of Man*）中才开始涉足这个领域。同样，居维叶本人从未想过要将灭绝的想法扩展到人类身上。当时人类的例外主义根深蒂固，人类很难想象自己会消亡。人们只会偶尔用介于痛苦和紧张发笑之间的语调含糊地提到这个话题。

鱼龙教授

在英国，居维叶的主要反对者是詹姆斯·赫顿和后来的查尔斯·莱尔等“均变论者”。他们认为地表上之所以出现种种模式和不规则性，完全是因为自然力量在漫长时间内的逐步作用，和交替出现的崛起与毁坏无关。正如法国近代历史动荡影响了居维叶，英国政府的相对稳定也影响了后者。英国一个多世纪以来都在稳步实现经济和军事扩张，只经历过不太明显的中断。灾变论与均变论之间的争论持续至今，只不过现在看来只是侧重点不同而已。双方从一开始就有很多共同之处。他们都将思考范围延伸到了以前难以想象的漫长时间中，人类只在最后出现。他们因为这个壮丽的景象而欣喜，又要通过假定一个不变的自然秩序而摆脱其中的可怕之处。19 世纪上半叶，灾变论和均变论共同让人们为逐渐“发现”恐龙做好了准备。

在居维叶的老家法国，他的主要反对者是进化论者，这在当时被称为“转换论”，拉马克和后来的若弗鲁瓦·圣伊莱尔（Geoffroy Saint-Hilaire）都认为有机体并没有灭绝，而是演变成其他生物。居维叶其实没有太大威胁，因为他的理论和生物永恒不变的观点互洽。早期的演化理论至少认为生物族系有不朽的潜力。但达尔文在进化论中纳入灭绝的概念时，两者在感情上就变得更让人难以接受。他们认为包括男男女女在内的生物都十分脆弱，始终都是出自偶然，甚至可能最终注定失败。

谢普·怀特口中“庞大、凶暴、已灭绝”的描述可以改写为“非常生动，但已经完全死亡”。自发现以来，恐龙就一直与灭绝密切相关，这是其他已灭绝生物所没有的待遇，例如三叶虫和猛犸象。恐龙经常被用来比喻看似一定会消亡的东西，例如汽车出现后的马车。但是在反复提及它们的灭绝时，人们也委婉地强调着自己多么渴望恐龙依然存在。恐龙文献始终充斥着各种梦幻，例如在世界偏远地区找到它们、回到它们的时代或将它们复活。

在人们意识到深时的时代里，它似乎特别让人不安。18 世纪末期和 19 世纪是雄心壮志的时代，“伟大”似乎就是“不朽”的同义词。纳尔逊（Nelson）和拿破仑这样的指挥官在战绩中寻求不朽。而雪莱、雨果（Hugo）和丁尼生这样的诗人在写作中追求永恒。人们不断为纪念战斗或名人而竖立起巨大的青铜、花岗岩和混凝土纪念碑。但是这样的纪念碑在深时里是否还有意义？如果就连山脉都不能永恒，那巴黎的凯旋门或伦敦的维多利亚纪念碑又岂能长久？如果就连人类都不能永远延续，大英帝国又如何万世长存？

人类命运的问题比人类的起源更令人痛苦。如果其他生物都注定灭绝，就连恐龙这样的霸主也不能幸免，那人类为什么会成为例外？人类灭绝的可能性为演化的辩论增添了一份特殊的紧张。如果物种具有永恒的本质，那它们就会永远存在，或者至少在消亡之后再次出现。如果物种是逐渐出现的，并且在一定程度上是偶然的产物，那这种可能性就要小得多，而灭绝几乎无可避

亨利·德拉·贝施（Henry De la Beche）创作于1830年的《可怕的改变》（*Awful Changes*）。这是第一批试图表现出深时的画作之一，而且运用幽默的手法掩盖了深刻的焦虑，这也是最早提到人类可能灭绝的作品

《未来生物的理想形态，鱼龙教授和板龙教授的发现》(*Ideal Impression of a Future Creation, Discovered by Professors Ichthyosaurus, Megalosaurus, &c.*)，托马斯·德纳罗（Thomas de la Rue）于19世纪中期在英国出版的幽默贺卡。这幅画和亨利·德拉·贝施的《可怕的改变》相呼应，而且还更进了一步。它反映出了观众对水晶宫恐龙雕塑的感受，他们觉得自己进入了自己永远无法融入的陌生世界

免。恐龙成了人类命运的模板，我们却因为太过恐惧而不想思考这种命运。在它们的时代里，它们和我们一样强大，但如今只留下了零碎的骨头。

1830年，古生物学家亨利·德拉·贝施制作了一幅名为“可怕的改变，人类只留下化石——鱼龙重现”的讽刺版画。画中有一只鱼龙站在桌子旁，身穿类似学士服的衣服，戴着眼镜，拿着教鞭。他正在给学生讲授一系列史前生物，包括翼龙和原始鳄鱼，可能还有别的恐龙。桌子下面是一块石头，下面还有一个小洞穴，其中有一颗人类的头骨露出可怕的笑容，眼眶直对观看

者。图画下面写着：

> 讲座——“你们马上就会发现，”鱼龙教授继续说道，“我们面前的头骨属于低等动物。牙齿非常小，颌部力量微不足道，这种生物居然还能寻获食物似乎很让人迷惑。”

这是为了嘲讽莱尔在《地质学原理》(*Principles of Geology*)中的一个说法，即在遥远的未来，鱼龙、禽龙和翼龙等史前生物可能会再次出现。[6]莱尔认为时间的流动基本上没有方向，因此不同意维多利亚时代鼓吹进步的意识形态。

虽然非常滑稽，但这幅图反映了许多隐藏的焦虑。如果你就此对维多利亚时代的绅士发问，那他可能会说：“当然了，把人和鱼龙摆在一起比较是荒谬的。要说人类可能灭绝这个想法有多荒谬，我们只需要想想最近的人类成就：蒸汽船、工厂、铁路……”就像几个世纪前的深时一样，人类的灭绝似乎也难以想象，但已经有人开始认识到了这种可能性。

人类例外主义

人类例外主义对维多利亚时代的文化至关重要，即使只是在思维训练中否定这个观点都显得荒谬可笑。诗人丁尼生是维多利亚时代里少数有远见和胆量直面人类灭绝的人之一。他至少在1850年出版的《悼念集》(*In Memoriam*)里短暂地面对过这个问题。此前他最亲密的朋友亚瑟·亨利·哈勒姆（Arthur Henry

Hallam）猝死于脑出血，年仅22岁，痛失密友的抑郁让他思考了这个激进的问题。这首诗由103个诗节和1个结尾组成，是介于悲伤和安慰之间的辩证。诗人在自然、科学、宗教和各种可能的不朽中寻求慰藉，但发现它们都不足以抚平自己的悲伤。最后，他对上帝做出了信仰的告白，这似乎犹豫不决，但也因为战胜了许多挑战而更加强烈。

在悲痛的驱使下，丁尼生比他的同辈人更进一步，将死亡从亲爱的朋友身上推及全人类。死亡在当时通常被称为“伟大的平等者”，因为它无视阶级和等级的差别。灭绝可能同样如此，它

原龙，F. 约翰（F. John）绘，1900年。对约翰来说，就连恐龙有时候都显得太过现代。这是比恐龙还古老且挺过了二叠纪灭绝的爬行动物，而这场灭绝消灭了大约95%的生物。约翰一般都会将恐龙和其他远古生物安排在荒芜的岩石地带，置身于火红的天空之下，有时背景中还有火山。在20世纪之初，他认为恐龙的灭绝是对人类的警告

F. 约翰绘，上图的背面是德国巧克力公司的广告卡片。作为广告，卡片的两面都有一种不合时宜的阴沉气氛。图中的人在对着已灭绝生物纪念碑般的骨骼沉思，可能在想着自己的死亡，甚至人类最终的灭绝

不为人类的自负和优越感所动。但丁尼生问道：如果连最优秀的人也不能免于死亡，那平庸男女又凭什么能躲过毁灭？

在这组诗中，丁尼生成了第一名提到恐龙的诗人，或至少提到了史前巨兽，并将它们与人类比较。第五十六首写道*：

> “我只在意物种么？”并不！
> 于岩层和化石中，自然界叫喊道，
> “千万物种已经灭绝：

* ［英］丁尼生：《悼念集》，张定浩译，上海文艺出版社，2021。

我才不在乎，一切都将湮灭。”
“汝等呼求告泣于我，
我使万物生长，我令它们消亡，
灵魂不过意味着呼吸，
我所知的唯有这些。”然后他出现，
作为人，自然界最后的作品，如此美丽，
他眼中闪烁如此辉煌的意图，
把圣歌送上寒冷的天穹，
建造他徒劳祈祷的神庙，
他相信上帝就是绝对的爱
而爱是造物最后的法则——
尽管大自然，爪牙沾满鲜血，
在深谷中，尖叫着反对他的教义——
他爱过，受过无尽痛苦，
他曾奋力要为真理和正义而战，
就是这样的人，却一定要被吹散成沙尘，
或被封在铁丘陵之内？
再也没有了？继而一个怪物，一个梦，
一个不谐和音。原初的龙族
在泥浆中彼此的撕裂，
与之相比也是曼妙柔音，
生命如灯芯草篓般微不足道！
唉，但愿有你安慰和祝福的声音！
答案或补救的希望何在？

在帷幕之后，在帷幕之后。[7]

人类可能最终也只不过是被山腰石灰岩包裹的骨骼。“恐龙”当时还没有被创造出来，“龙”不仅指它们，还包括鱼龙、蛇颈龙和遥远过去的其他巨兽。它们在诗中的形象基本上就是约翰·马丁等艺术家笔下的画作，是永远在原始沼泽中彼此撕裂的巨大蜥蜴。虽然充满绝望和怀疑，但这组诗永远不会有失优雅。即使文字质疑文明，稳定的格律和韵脚也似乎肯定了文明的优越性。诗人提出的问题让他本人和同代人都没在感情上准备好回答。他后来没有继续追求答案，而是开始撰写亚瑟王骑士和淑女们的怀旧过去。

复活

1853 年，水晶宫恐龙接近完工的时候，沃特豪斯·霍金斯决定在他的禽龙雕塑中举办新年前夜晚宴以示庆祝。理查德·欧文作为嘉宾坐在恐龙的头部。这次宴会为客人准备了七道精心制作的菜肴，用餐之后还可以享用各种各样的葡萄酒。随着派对一直持续到深夜，嘉宾们开始欢歌：

他的骨骼沉睡地下千年，但现在身体又圆又大，他又重获新生！

[合唱]这老家伙还没死呀，他又重获新生！

他的骨头黏土里裹，和亚当没什么两样，他的肋骨壮如

水晶宫禽龙里的宴会，1854 年新年的前夜。禽龙的眼睛似乎直视观众，仿佛真的活着。出自 1854 年 1 月的《伦敦新闻画报》(*Illustrated London News*)

钢。今天的野兽哪个敢将他赶走？［合唱］

他的兽皮之下是今人的魂。谁还敢嘲笑我们重获新生的蜥蜴？［合唱］

这个想法在其他小节中不断回响，沃特豪斯·霍金斯后来回忆说：“大家的高声合唱如此激烈热情，几乎让人以为是一群禽龙在咆哮。”[8] 换言之，狂欢者让恐龙复活，实际上是在否认灭绝的最终到来。如果禽龙逃过了灭绝，那人类也很有可能幸免于难。一群略显古板的科学家和官员都能如此闹腾，可见维多利亚时代的恐龙狂热何等炽烈。

这一事件表明，侏罗纪公园的幻想几乎从古生物学刚起步的时候就已经存在。我在这里有点儿犹豫，可能过于高估了没有恶意的酒后胡话。但这首歌背后似乎充满激情，让我不禁想知道狂欢者眼中活着的禽龙是什么模样。他们将禽龙的庞大和力量等同于人类构建巨大结构的能力，这也成了生命力的表现。宴会的参加者也将自己和同伴一起看作禽龙，由此赋予了自己新的生命。

至少在 19 世纪剩下的时间里，就连用文字提到恐龙都会引起灭绝和地质时代的探讨，以及对人类例外主义的质疑，所以人们不会经常提起这种生物。最早提到恐龙的文学作品包括查尔斯·狄更斯《荒凉山庄》（*Bleak House*）的开场白，该小说连载于 1852—1853 年[*]：

> 伦敦。米迦勒节开庭期刚过，大法官坐在林肯法学协会大厅里。无情的十一月天气。满街泥泞，好像洪水刚从大地上退去，如果这时遇到一条四十来英尺长的斑龙[**]，像一只庞大的蜥蜴似的，摇摇摆摆爬上荷尔蓬山，那也不足为奇。煤烟从烟囱顶上纷纷飘落，化作一阵黑色的毛毛雨，其中夹杂着一片片煤屑，像鹅毛大雪似的，人们也许会以为这是为死去的太阳志哀哩。狗，浑身泥浆，简直看不出是个什么东

---

* ［英］查尔斯·狄更斯：《荒凉山庄》，黄邦杰、陈少衡、张自谋译，上海译文出版社，2019。

** 编注：巨齿龙又译斑龙。

西。马，也好不了多少，连眼罩都溅满了泥。[9]

刚退去的洪水暗示着灾难，灾变论支持者认为一场大洪水摧毁了部分最原始的生命，为巨齿龙等恐龙开辟了新天地。后文很快就提到了“太阳之死”，表明人类在地球上的时间有限，即便是太阳也是如此。这段文字之后有多处都提到了伦敦的雾，它模糊了狗、马和人的形象。这就是众所周知的“时间的雾翳”，所有生物都在某种意义上同时存在的遥远时代。还有一只巨齿龙在伦敦登上了一座小山。恐龙或类似生物在城市街道上行走的形象后来不仅进入了文学作品，还影响了《哥斯拉》（1954）等无数电影。

伟大的维多利亚时代给了恐龙事业一个颇有希望但零碎的开端，此后恐龙就从文学和绘画等严肃文化中消失，就和它们本身的灭绝一样神秘。在 19 世纪末和 20 世纪初，更偏向通俗文学的作家接纳了这个主题，例如儒勒·凡尔纳（Jules Verne）、阿瑟·柯南·道尔和埃德加·赖斯·巴勒斯（Edgar Rice Burroughs）。后来，恐龙在无数电影中变得更受欢迎，例如《哥斯拉》、《金刚》（*King Kong*）、《幻想曲》，以及现在的《侏罗纪公园》。它们是公共节目和展览的常客。如前所述，恐龙对孩子们的吸引力尤其强烈，如果我的图书馆搜索能代表现实，那么恐龙书籍里有 90% 以上都是童书。

但是我很难在威廉·巴特勒·叶芝（W. B. Yeats）、T. S. 艾略特（T. S. Eliot）、詹姆斯·乔伊斯（James Joyce）、弗吉尼亚·伍尔夫（Virginia Woolf）等著名作家的严肃文学中看到恐龙大展拳脚。原因可能是恐龙与灭绝关系密切，所以对于渴望在诗

F. 约翰创作于 1900 年的两只原始蜥蜴。橙色的天空充满威胁的意味，在第一次世界大战前的十几年里传达出了末日气氛。一只蜥蜴躲在岩石下，而另一只在外面吸收热量，有些像有的人在危机来临前退缩，而有的人积极参与其中。它们之中谁能幸存下来？

意中获得不朽的人而言似乎特别具有威胁性。而在一心想要获得眼前名声和商业成功的作家看来，这不是什么大问题。更关注人类永恒的人就很难满足于惊险刺激，未来灭绝就更难想象。严肃文学鉴定的不妥协可能使恐龙和灭绝的主题很难融入。

另一种解释是，19 世纪末到至少 20 世纪中期这段时间里，高等文化中的现代主义一直都占据主导地位，它同时强调了传统的延续和永久的更新。埃兹拉·庞德（Ezra Pound）全新的箴言“创新！”成为这场运动的口号。恐龙在发现时已和传统断绝了关系，虽然它们的时代非常遥远，但早期的古生物学家没有将它们归为龙。

19世纪末期和20世纪初，摄影技术的发明对传统现实表现手法发起了挑战，视觉艺术和文学都受到冲击。人们开始质疑写实绘画到底还有没有意义，毕竟照片能提供更完整的信息，而且更省力。但古生物艺术没有受到影响，因为没人能拍摄到恐龙的照片。因此古生物艺术保留了许多至少可以追溯到文艺复兴时期的传统，但现代主义者还是发起了强烈反对。虽然古生物艺术曾经受到印象派等一些运动的影响，但并没有出现未来主义或立体主义的恐龙画作。古生物艺术甚至继续采用文艺复兴时期发明的湿壁画等老做派，其中最著名的作品可能是各类壁画，例如查尔斯·奈特为芝加哥菲尔德自然历史博物馆和鲁道夫·扎林格为耶鲁大学皮博迪自然历史博物馆创作的壁画。这种对传统的坚持也在小说领域发扬光大。

正如乔·扎米特-露西亚（Joe Zammit-Lucia）最近发现的那样，“现代艺术创作中最普遍和最具特色的特征”是“非人化的倾向”。[10] 20世纪初的未来主义和立体主义等运动反映出了人们对工业机器的敬畏，并试图将人体形象减少到最基本的形式。表演艺术等后来的流派可能在某些方面对艺术进行了非人化，但他们的重点是社会而不是个人。讽刺的是，古生物艺术可能是因为远离现代主义，所以始终保留着其他流派所摒弃的人文主义元素，这在恐龙艺术里特别明显。它从始至终都在强调个体，也就是特定的恐龙。

严肃文学对恐龙的漠视让它们委身于商业，这又进一步降低了它们对文人的吸引力，恶性循环就此形成。用米切尔的话来

鲁道夫·扎林格的古生物绘画色彩丰富，但不会喧宾夺主，细节也处理得非常详尽。本图出自耶鲁大学皮博迪自然历史博物馆的壁画

皮博迪自然历史博物馆的恐龙厅，其中展示着鲁道夫·扎林格在 1947 年创作的壁画

说,“说到克莱门特·格林伯格(Clement Greenberg)口中的‘媚俗’,那就没有什么能比恐龙更典型,它们将粗俗的商业与少年时代的惊奇和对怀旧风格的模仿联系在了一起。”[11] 正是因为这种冷漠的态度,恐龙并没有在现代文化中与重要的文学和绘画创新一样遭遇无情的剖析、阐释和批评。严肃文化和通俗文化在20世纪晚期开始逐渐融合之后,对恐龙的忌讳才逐渐消失。[12]

哥斯拉

人类的灭绝似乎只不过是理论,不过19世纪早期有少数小说家描写过这样的事件,例如让-巴蒂斯特·库赞·德·格兰维尔(Jean-Baptiste Cousin de Grainville)和玛丽·雪莱。接连不断的战争让死伤越发惨重,最终达到了史无前例的程度,于是灭绝一事似乎也变得没有那么不可想象。最后,在冷战时期,美国和苏联都储备了大量核武器,人类迫在眉睫的灭绝成了日常生活的一部分。

1954年3月,美国首次在比基尼环礁测试氢弹的几个月后,一艘名为“第五福龙丸号”(Lucky Dragons)的日本渔船漂流到了附近。渔民看到远处有明亮的光线,随后就被灰色的灰烬覆盖。至少一名当事人最终死于辐射,还有人因为在市场上出售的鱼而暴露于辐射。这一事件进一步刺激了日本尚未愈合的原子弹创伤。这也是《哥斯拉》的灵感来源,该片由东宝株式会社(Toho Studios)在同年晚些时候发行,其中恐龙怪物代表着核弹和战争释放出的不可知力。

《失落的世界》（*The Lost World*，1925）电影海报，原作是阿瑟·柯南·道尔的同名小说。故事讲述了一队科学家和探险家在南美丛林的偏远高原上发现了活恐龙，这个主题会在无数 B 级电影和低级杂志的故事中以各种形式反复出现

东京六本木的哥斯拉雕塑。电影中的怪兽十分凶暴，但最终无害，有些像亚洲神话中的各种神庙守护者

《哥斯拉》(1955)的电影海报。它融合了各种恐龙的特征，包括剑龙和暴龙，还参考了日本民间传说中的龙。上映之后，它就在接下来的几十年里成了无数电影恐龙和其他怪兽的范本

虽然从未专门说明就是恐龙，但是哥斯拉具有剑龙的甲板和类似暴龙的整体形态，还有禽龙一样可以抓握的手部。不过它让恐龙回归到了民俗中的龙。像日本的龙一样，它通常居住在大海深处，有四只爪子。日本龙和其他亚洲龙通过四肢的动作引火。而哥斯拉就像西方的龙一样从口中射出火焰，不过辐射束代替了火焰。

这只大海深处的怪物因为核试验而醒来，在东京肆虐。与哥斯拉相撞的火车立刻毁损。日本军方尝试用炸弹和巨大的电网杀死哥斯拉，但无济于事。科学家不愿意杀死哥斯拉，因为他们更希望能研究野兽，但最后还是同意使用究极武器“氧气毁灭者”。科学家芹泽（Serizawa）在海底找到了哥斯拉并发射武器，然后切断了自己的氧气供应，和哥斯拉一起葬身海底，将毁灭的秘密带进了坟墓。电影结束时警告说，继续核试验可能会召唤出另一只哥斯拉。这部电影大获成功，而且拍摄了许多续集。年复一年，哥斯拉变得越来越有人情味。在某些系列中，特别是在1971年发行的《哥斯拉对黑多拉》（*Godzilla Versus Hedorah*）中，哥斯拉更是成为了对抗人类暴行的大自然保护者。

人类可能会灭绝本来只是被人置之脑后且难以言说的话题，但随着美苏之间核战争的威胁，人们又痴迷于此。美国各地的人民都得知核战争随时都有可能爆发，而警报只会在炸弹爆炸前给他们留出10分钟的时间。孩子在美国各地的学校里进行空袭演习，他们将头抵在墙上或蜷缩在课桌下，希望这可以让他们在核爆炸中幸存下来。有钱人建造起了空袭庇护所，他们希望庇护所不仅可以抵挡爆炸，还能抵挡饥饿的邻居。

随着冷战开始降温，恐惧也不再那么强烈，但并没有消失。

不过思考人类灭绝的禁忌已经不可逆转地被打破，人们公开提出各种可能的人类灭绝方式。其中一些非常现实，但别的设想都属于推测，甚至充满幻想色彩。除了核战争，最有可能的灭绝原因还有气候变化导致的生态崩溃，其他原因包括致命疾病大流行、外星入侵或流星撞击地球。

我们可以通过生物技术实实在在地摧毁自己，通过基因工程让自己不复存在。至少在某些人的理解中，灭绝不一定发生于生物学层面。如果人类文化发生变化，让我们丧失基本情绪，没人能理解莎士比亚或歌川广重（Hiroshige），那这可以算作灭绝吗？人类身份现在看起来如此模糊，我们和过去的距离如此遥远，让人不禁怀疑这种灭绝是否已经开始。我不会评价这些可能性的现实程度，但对人类未来的恐惧普遍存在。矛盾的是，我们认为自己强大无比，但又极度脆弱，这与我们对恐龙的看法并无二致。

自 20 世纪 80 年代初以来，人们普遍认为是大约 6550 万年前撞击尤卡坦半岛的巨大小行星灭绝了恐龙，但是它们在过去的数百万年里已经因为压力而不断衰退。还有很多其他理论解释它们的消亡。在小行星撞击时，德干高原的火山也正在用熔岩海洋淹没地球上的大部分地方，这引起了气候改变和进一步的地质乱象，很快就造成了大灭绝。[13] 另一种解释是各个大陆通过陆桥连接，让以前隔离的族群混在一起，导致疾病传播。还有一种说法是恐龙过于特化，在生物学上已经衰退，无法适应新的条件。或许恐龙灭绝是因为早期的哺乳动物不断吃掉它们的蛋，让它们没法充分繁殖。

从人类目前的状况来看，这些可能性都意味深长。如果我们看重小行星的影响，那这就似乎证实了斯蒂芬·杰伊·古尔德的观点，即自然界和人类社会中的大多数事物都没有注定，而是出于偶然。如果我们将恐龙的消亡归咎于气候变化，那么就会敲响我们生态自负的警钟。如果灭亡原因是族群流动性增加导致的疾病蔓延，那么全球化就更得让人警惕，因为世界偏远地区的人员和货物都在不断流动，而这有助于传播流行病。我们几乎不可能不在谈论恐龙时提到人类。

作为隐喻的灭绝

在现代社会里，某种事物的灭绝渐渐成了日常生活的一部分，我们都看着物种、文化、技术、语言、俚语、习俗、政治运动、服装时尚、艺术风格、科学理论以及几乎所有其他事物出现又消亡。这种死亡并不是一种戏剧性的神化，而是普通生活的缩影。它总是让人们有些摸不着头脑，让文化里弥漫着模糊的怀旧感，而这种感觉反过来又总是被商业所利用，并且是现代主义者和进步主义者的眼中钉。雷·布拉德伯里就特别擅长捕捉这种怀旧情绪。

作为畅销科幻小说和幻想小说的作者，布拉德伯里经常将故事设定在未来，也许是因为未来似乎从根本上就比现在更稳定。这基本上只是旧瓶装新酒，他还将恐龙视为现代的龙。无论时间和地点，他的故事总是弥漫着 20 世纪中叶的美国中西部小镇情调，仿佛不受时间的影响。恐龙特别适合他的怀旧情绪，而他通过让恐龙融入永恒来软化灭绝的事实。

在发表于1951年的《浓雾号角》(*The Foghorn*)中，布拉德伯里用恐龙灭绝来比喻现代生活中不断淘汰的体系。灯塔在海面上放光，为船只指明方向，这是可以追溯到远古时代的机制。灯塔一般是由看守人照料，他们独自生活在塔里，这与海员在异国土地上的多彩冒险形成了鲜明对比。但是在20世纪中叶，灯塔已经逐渐自动化，不再需要看守人，正如旧货船被铁路和飞机所取代。其他灯塔都已放弃和拆除，这个趋势还会持续数十年。简单来说，当这个故事第一次出版时，灯塔正走在“恐龙”的老路上。

《浓雾号角》的故事发生在一座灯塔里，叙述者约翰尼(Johnny)和灯塔看守人麦克邓恩(McDunn)待在一起。天色渐晚的时候，麦克邓恩开始讲故事，故事在一只怪物出场后达到高潮，那是一只存活了数百万年的恐龙，可能也是最后的恐龙。麦克邓恩说，恐龙在过去的两年里都会在同一天夜里造访灯塔，而那天正是今日。然后他拉响了雾笛，那声音里带有“永恒的伤感和生命的短暂”。怪物从大海的深处出现，回以类似的叫声，然后靠近灯塔。麦克邓恩关闭雾笛之后，怪物破坏了灯塔，又返回大海。两位主角活了下来，新的灯塔也迅速建成，但怪物再也没有回来。约翰尼问起原因的时候，似乎常常代表这怪物发声的麦克邓恩回答说：“它去了最深的深渊，再等上100万年。啊，可怜的家伙！它就在那里等了又等，而人类在这颗可悲的小星球上来去匆匆。”[14] 换句话说，这只生物可能会再次出现，寻找自己的同类，但那时人类必然已经灭亡。麦克邓恩和恐龙有同样的灵魂，因为他们茕茕孑立、赶不上时代，而且能够思考永恒。

大约一年后，布拉德伯里出版了《一声惊雷》“A Sound of Thunder”，这可能是有史以来最受欢迎的恐龙故事。这个故事讲述了人类穿越到遥远的过去，造访生活着强大前辈的世界。主角埃克尔斯（Eckels）报名参加“时间狩猎”活动，组织活动的公司会将客户带到过去狩猎大型猎物，客户可以猎杀自己看中的任何生物。埃克尔斯选择了暴龙，这是有史以来最惊人的怪物。大型猎物之所以充满魅力，主要是因为它们会让你因为终结巨兽的生命而感到强大无比。但在远古狩猎导游特拉维斯（Travis）面前，埃克尔斯很快就清楚地发觉自己毫无力量。过去发生的所有改变都会在未来引发连锁事件。因此为免改变未来，猎人必须遵守非常复杂的规则。侦察员确定猎物即将死亡的时候，例如一棵树即将砸向暴龙，他们就会用红色油漆喷在对方身上作为目标标记。接着猎人就可以开始射击，但只能在它即将死亡的那一刻开枪。他们可以和“奖品”合影，但是尸体必须留在原地，猎人绝不能从人工小路上踏进草地。

但埃克尔斯看到暴龙后就丧失了勇气，还离开小道让导游替他射击。特拉维斯怒发冲冠，一开始的时候想让埃克尔斯困在中生代，但后来强迫他从恐龙发臭的尸体中取回子弹作为惩罚。回到 2055 年之后，他们发现了许多微妙的差异。英语的说法有点儿不一样，刚赢得总统大选的候选人也与之前不同。埃克尔斯看了看自己的鞋子，发现自己踩碎了一只蝴蝶，可能就是它引发了一系列不断升级的变化。当特拉维斯意识到发生了什么事之后，他对埃克尔斯举枪就射。讽刺的是，标题中的“一声惊雷”正是这声枪响，而不是暴龙的咆哮。[15]

故事中有许多经不起思考之处。在恐龙时代里，蝴蝶和草都还没诞生。更重要的是，至少从特拉维斯的解释看来，时间狩猎的前提似乎非常随意。回到过去的人必须戴上氧气头盔，以免污染空气，还必须在击杀后取回子弹，但他们完全不担心动物尸体上的红色油漆。埃克尔斯只不过是离开了小路，特拉维斯就害怕他会改变未来，但心里又盘算要把这客户扔在恐龙身边。但很明显，时间狩猎是门见不得光的生意，只能通过不正当的手段存在，所以我们也许不用非常认真地对待他们的时间理论和相关程序。在我看来最合理的解释是，每一次穿越都会改变现在，而恐龙通过长久的因果关系在不断影响着我们的世界。

在代表人类的埃克尔斯和代表恐龙的生物对手之间有某种图腾般的联系。两者都结合了明显的优势与脆弱。人类拥有强大的技术力量但没有自由，而且时常处于恐惧之中。恐龙看起来很强大，但倒下的树木就能将它杀死，而看不见的入侵者还会率先给它致命一击。埃克尔斯恐慌的原因不是肉体上的恐惧，而是在看到恐龙时，他看到了自己令人不安的形象。在布拉德伯里的这两个故事中，恐龙是人类另一个自我，两者有着共同的命运。在民间传说中，见到自己的二重身往往是即将死亡的征象。麦克邓恩没有面对它，于是两者最终都幸存下来。而埃克尔斯和他的二重身殊途同归。

最后的恐龙

令人奇怪的是，恐龙在 19 世纪中叶的严肃文学中零星出现之后就消失于这个领域，但同时为幻想和科幻小说中丰富多样的故事提供了灵感。雷·布拉德伯里、艾萨克·阿西莫夫（Isaac Asimov）和亚瑟·克拉克（Arthur C. Clarke）等大家的故事也是如此。我不会评价哪种文学更加优越，但 19 世纪至 20 世纪中叶的流行文学与先锋文学大不相同。这一时期的流行故事坚持传统叙事，有清晰的情节，逐步进入高潮和结果。叙事策略也非常清晰，观点比较明确。现代主义文学在情节上做了新的尝试，有时几乎完全没有情节，而是通过多样或模糊的观点将种种事件联系起来。但流行文学通常会间接处理主要的文化和政治问题，而现代主义者则因为自己不妥协地大胆直面问题而自豪。

这种差异可能归根结底是存在主义的安全感问题，催生出了流行作家所依赖，而现代主义者极力摒弃的清晰叙事结构。流行文学更适合恐龙，因为用别的方式来面对灭绝和不朽的主题也许太令人痛苦。因此，恐龙回归严肃文学是一件大事。伊塔洛·卡尔维诺（Italo Calvino）《宇宙奇趣全集》（*Cosmicomics*）中的《恐龙》“The Dinosaurs”就标志着它们的回归。该书的意大利语版出版于 1965 年，英文版在三年后出版。

书中新颖的故事都是出自传统叙事即将枯竭的感觉，即使现代主义者做出了种种创新，因为它还是跟不上科学的发展。作为一个科幻小说作家，卡尔维诺并没有撰写科普作品或以科学作为传统故事的灵感。相反，他希望探索科学理论是如何改变了我们对空间、时间和生物身份等基本概念的看法。每个故事都始于一个科学主题，例如宇宙的起源或陆地生命的诞生。

书中的故事都与名字根本念不出来的人物“Qfwfq”有关，

《惊异故事》(*Amazing Stories*)杂志 1929 年某期的封面。这份杂志对现代低俗小说的建立功不可没。和中世纪以及现代早期的同类作品一样,《惊异故事》也在努力用最古怪的故事刺激读者,但同时也保持着传统的故事框架。图中带着宇宙飞船和高科技武器的昆虫就像穿太空服的人类,但暴龙在感情上更像人类

他在地球历史的每一个阶段都曾出现。他并不是无所不知的叙述者，而是脆弱的参与者，而且可能是英国长寿剧集《神秘博士》中主角的原型。他的身份始终是个谜，但正如他所说，他曾当过5000万年的恐龙，并在大灭绝中幸存下来。随着《恐龙》故事的开始，Qfwfq发现自己身处“新生物”，即“古兽类”之中，它们看起来有些像巨型海狸。起初，恐龙还是不久之前的记忆，那个时期会让Qfwfq想起自己经历过的艰苦，但新生物惧怕恐龙。不过恐惧逐渐淡去，最终被怀旧之情所取代。新生物稍微接受了Qfwfq，它们不知道他是什么。它们钦佩他的力量，也对他有一些认可，但还是称他为“丑八怪”。Qfwfq与名叫“蕨花”（Fern-flower）的女性成了朋友，她经常对Qfwfq讲述自己梦想中的恐龙。这些属于过去的动物有时是喷火的怪物，有时又是忧郁的流浪者。她对它们时而恐惧、时而怜悯、时而钦羡、时而充满虐待狂的心态，但这些刻板的态度对Qfwfq而言都不够真诚。最终，新生物开始怀念恐龙并惋惜于它们的消失，但随后就完全忘记了这些原始的蜥蜴。

但恐龙通过消失扩展了自己的疆域，它们以前所未有的深度占据了新生物及其后代的思想。Qfwfq遇到一个路过的“混血儿”，并在灌木丛中与她交配。他们的孩子完全是恐龙，但根本不知道什么是恐龙。Qfwfq并不在意。他发现，恐龙隐藏身份才最适合生存，即使相互之间也要隐藏身份。在那个时候，他似乎有了人形，因为他乘火车去了一个大都市，并在故事的结尾消失于人海。[16]

与书中的所有故事一样，这个故事也是基于身份是流动的这个假设，无论是个人还是族群都是如此。Qfwfq从哪种意义上来说属于恐龙？他作为恐龙的数千万年时间是一次生命还是诸多生命？这些问题没有答案，在故事的背景下甚至并不重要。不论是严肃文学还是流行文学，所有以恐龙为主角的著作都采用了魔幻现实主义风格。这个主题经由科学呈现，所以要求我们运用现实主义小说中高度具体的细节。与此同时，科学知识又如此有限，让故事里充满了幻想。这里的“恐龙”不是生物族群或演化枝，而是一种永恒，曾生活在地球历史上的某一个时期，但并不局限于那个时代。恐龙迷可能和“兽迷”并不完全相同，后者是喜欢将自己当成狼或猫等其他物种的人类。就像布拉德伯里的故事一样，恐龙像人类一样活在我们心中，至少活在一部分人心中。

随着20世纪逐渐接近尾声，人们越来越担心其他物种的灭绝，这也会通过生态崩溃对人类产生影响。科学家认为我们正处于地球历史上第六次灭绝之中。没人能明确预测有多少物种注定灭亡，但据伊丽莎白·克尔伯特（Elizabeth Kolbert）的说法，超过1/3的两栖动物、1/4的哺乳动物、1/5的爬行动物和1/6的鸟类可能会在未来几十年里灭绝。[17] 危害很难评估，而且难以忽视。恐龙体现出了一种谈论灭绝的方法，因为比较间接而不那么令人痛苦。两个灭绝时期间的类比似乎特别生动，因为许多可能灭绝的动物都像恐龙一样因庞大或凶猛而闻名：鲸、老虎、大象、犀牛、大熊猫、鳄鱼、美洲虎等等。

恐龙可以体现出如此多的含义，无论我们是否心怀恐龙，它们都已经难以和人类分割。生物灭绝似乎不一定是演化的终点，反而可能只是开始。我们对时间的概念和人类文化中的很多其他概念都要归功于恐龙，特别是深时的概念。没有它们，我们可能就不是完整的人类。没有我们，它们还会是恐龙吗？也许在灭绝之后，人类还会通过我们创造的计算机或放置在其他动物身上的人类基因继续生存下去。也许在灭绝6500万或6600万年之后，某些“新生物”会“复活”我们，就像我们在博物馆展览和电影中“复活”恐龙一样。这种可能性似乎太过遥远，难以想象，但是如果我们不把自己当作演化巅峰，而是广大生命中非常脆弱的一环，那这个想法还是相当中肯的。

卡尔维诺的故事是对转瞬即逝的初探，这个性质不仅体现在

美国康涅狄格州纽黑文市皮博迪自然历史博物馆旁边的牛角龙雕塑，长6.5米，由雕塑家迈克尔·安德森（Michael Anderson）于2013年监制。它在巨大的花岗岩基座上看着脚下的街道。它身边是兽脚类恐龙的化石足迹复制品，它可能在6600万年前跟踪着这只牛角龙

日本福井县胜山市恐龙博物馆门口的雕塑。恐龙始终和灭绝联系在一起，这座雕塑幽默地表达出了这种深刻的焦虑

个体身上，也体现在物种中。人类不一定不朽的想法或许可以安抚我们的集体孤独，因为死亡是所有生物的共同的命运。但如果我们最终必然灭亡，那我们会希望以怎样的形式消失？如果能留下遗产，我们又会留下什么？我们是否在乎自己的后代会变成其他物种，而他们可能完全不知道或不关心人类？我们通常所说的“人类”特性与谁的关系更密切，地球还是 DNA？

已故物理学家斯蒂芬·霍金（Stephen Hawking）认为，长远来看，地球已经不适宜居住，人类必须依靠太空殖民才能生存下去。[18] 或许他至少无意识地受到了恐龙的影响，因为少数恐龙依靠离开陆地飞向空中而逃脱灭绝。但即使考虑到已有的生态破坏，我也很难相信遥远的星球会比地球更适宜人类居住。如果它们与地球没有太多相近之处，那我们就要重新建设一切，包括土壤和大气。如果它们和地球比较相似，那就会存在各种潜在的疾病和毒素，而我们毫无免疫力。此外，离开地球只会让我们在其他星球上的后代和今天的人类相差甚远。如果我们离开地球和对人类文化产生过影响的动植物，那我们真的还能在广义上称自己为“人类”吗?

我们如此认同恐龙的部分原因是深切的不安全感，特别是对人工智能。白垩纪末期巨大的恐龙和小型哺乳动物似乎有一些类似大个子人类和智能手机。人类可能仍然相信自己控制着一切，但手机会在很多方面引导他，而人在担心至少自己的后代会完全受它的统治。我们将现在称作“人类时代”，但它也是“数字时代”的开端。是什么让我们成为“人类”？我们曾经认为是智能，但现在计算机比人类更聪明。我们始终担心自己在技术上遭到淘汰，换句话说，是担心自己“成为恐龙”。

费尔南·贝尼耶为《人类诞生之前的世界》(卡米耶·弗拉马利翁著，1886)创作的插图。追溯到中生代和更古老年代的动物分级排列，最前面的是亚当和夏娃

CHAPTER 8

以恐龙为中心的世界

那些雄伟的形象由于完整性

在纯洁的心智中成长，但从何开始?

从一堆垃圾或街头的残渣，

一个破桶，旧锅，旧瓶子，

老铁器，老骨头，老破烂，那怒叫的老婊子，

她掌着钱柜，如今我已撤了梯子，

我必须躺下，在一切梯子的底部，

在我心田的污秽的破骨烂肉铺。

——威廉・巴特勒・叶芝

《马戏团驯兽的逃遁》

"The Circus Animals' Desertion" *

* [爱尔兰] 叶芝:《叶芝诗选》，袁可嘉译，外语教学与研究出版社，2012。

《不断成长的世界或文明的进步》[*The Growing World; or, Progress of Civilization*, W. M. 帕特森（W. M. Patterson）著，1882]的卷首画。画面从右下角开始向左呈螺旋状展开，旨在展示生物的层次，顶峰便是中间文明的欧洲人。有趣的是，画面中的昆虫似乎高于爬行动物和两栖动物，可能是因为它们大多生活在陆地上和天空中

为什么即使相反的迹象不胜枚举，人类例外论的信念也依然如此持久，而且在演化上的自负尤其明显？正如斯蒂芬·杰伊·古尔德所说："公众对演化的感受都是被人牵着鼻子走，于是我们觉得人类在很多关键领域里都地位尊贵，如同我们享有依照上帝本人形象所创造出来这一殊荣。"当然，他影射的观点是人类注定是演化中先进的产物，而不仅仅是生物学偶然。[1]过去流行的演化观点会让所有演化发展都围绕着人类展开，现在也依然经常如此，它们认为所有催生人类的事件都是向前迈进，从最初冒险登上陆地的鱼类英雄到我们的直立姿态和学会用火都是如此。

在这一点上，我大致同意古尔德的观点，但恐龙对这种人类中心主义而言是一个有趣的例外。我们认为恐龙之前和之后的演化都是以人类为顶点，而恐龙本身似乎是漫长的中断。其实如果我们根据对人类演化的贡献来判断漫长时间中的变化，那么恐龙就会成为自然历史中的大反派。我们应该关注恐龙身边的小型哺乳动物。我们应该仔细区分中生代的哺乳动物，详细研究它们应对挑战的方式，同时将恐龙统统归为迫害它们的大块头。我们也许应该将中生代的故事改为大卫（David）和歌利亚（Goliath）战斗的风格，最终哺乳动物弱者翻身得胜利。我们可以编写原始啮齿动物智斗暴龙的寓言故事。我们可以庆祝大约6500万年前坠入地球的流星，感谢它干掉了所有非鸟类恐龙，将它看成上帝的裁决，更世俗的人至少可以将它看成哺乳动物解放者。毕竟是它使哺乳动物广为分布、变得更加多样化，并最终演变成男人和女人。

但我们完全没有这样做，我们对中生代的叙述至少在表面上没有体现出人类中心主义，而是更加以恐龙为中心。老实说，我们太过关注恐龙，几乎常常遗忘了当时的哺乳动物、蜥蜴和鳄类。虽然恐龙的最终灭绝是人类生存下来的前提，但要说灭绝激发起了什么情绪，那就是深感怀念的悲伤或恐惧。我认为原因在于恐龙的力量如此宏大，甚至可以打破我们对人类中心主义的迷恋。

要理解这个悖论，我们首先必须要记住，人类中心主义可以具有许多看似矛盾的形式。它的字面意思是“以人类为中心”，但什么是“人类”？人们有时会将类人猿包括在内，却排除掉外国人或原住民。神话和民间传说里都是人类－动物的复合体，例如半人马或美人鱼，以及海豹人或狼人之类的变形者，它们有时会被视为人类。同样，我们如今也不确定是否应将尼安德特人或丹尼索瓦人视为人类。许多人将狗看作“家人”，实际上是将它们当作了人类。计算机不断产生我们曾经以为专属于人类的能力，于是科幻作家和思辨哲学家思考起它们能否最终和人类平起平坐。总之，“人类”并没有理所当然的含义。人类的生物学定义不仅通常含混不清，而且和我们心中的含义没有太大关系。

今天，我们已经习惯了听人猛烈抨击人类中心主义和人类例外论。解剖学上属于“人类”的生物往往会犯下“不人道”的罪行，例如大规模屠杀或奴隶制，等等。那我们为什么要在乎人类会不会灭绝？就连问出这个问题可能都会让一些人感到有点儿亵渎神明，但它并不容易回答。幸运的是，我们也没有必要回答。就算宇宙对此漠不关心，我们还是关心着自己的命运。不管我们认为人类是多么恶劣的“罪人”，我们还是相信必须不惜一切代价“拯救”人类。但无论什么是“人类”，只要我们不要过于作

费尔南·贝尼耶为《人类诞生之前的世界》（卡米耶·弗拉马利翁著，1886）创作的插图。19世纪后期的很多作者都将进化论和创造论的元素混在一起，看起来丰富多彩，但通常不是很有条理。图中的猴子看着下方奇异的远古爬行动物，它们在某种意义上代表着“人类”。虽然它们也和人类一样并不是生活在恐龙和蛇颈龙的年代

古斯塔夫·多雷在1889年为《圣经》创作的插图《创世记》。注意画家在图中借用了流行的演化理论，最左边的生物类似于恐龙，正在爬出大海，准备到陆地上生活

茧自缚，那就更有可能延续下去。我们喜欢将同情心、复杂的情感和渴望超越这些特性视为“人类”的品质，但它们可能并不是我们的专属。

我们很难撼动人类在宇宙中的中心地位，因为不管是什么位于中心，它都会开始成为“人类”。如果我们将上帝置于中心，那他就会以人类的形象呈现在我们面前。如果将动物放在中心，那我们就开始拟人化。那恐龙呢？它们是人吗？我们似乎经常会这样看待它们。例如，我们会专门将几亿年前的时光称为“恐龙时代”。它们的庞大身躯对应着我们的技术，它们的生物多样性体现了我们的文化差异。尽管与我们几乎完全不同，但恐龙就是我们在遥远的过去的化身。

“人类”永远不会有终极或完整的定义，但我们可以通过自己与其他生物的种种传统关系来看待人类这个概念。几个世纪以来，我们都在不同动物身上寄托了不同的念想，仿佛生态位一样明确。我们希望狗能奉献无条件的忠诚和爱，而且相信它们反映出了不含杂念的人类激情。蛇让人既恐惧又敬畏，还常常与深奥的知识联系在一起。鹿代表野性，我们一边猎捕它们一边保护它们，体现出了我们与土地复杂的关系。蝴蝶是死者的灵魂，而狮子代表王权。在人类身边度过了许多世纪的动物都被赋予了复杂的宗教意义，而且经常对立。[2]

动物有点儿像天主教的圣徒，其中至少有一种和所有的人类活动、体制或情势有关。我们的文化很大程度上建立在对动物的认可和模仿之上。[3]致力于研究人与动物关系的著名学者唐娜·哈拉维（Donna Haraway）说过：“人类需要一群非凡的伙伴。不论在哪里，人类都是与生物、工具以及其他许多事物产生适当关联的结果。”[4]这些生物中就包括恐龙。我们基本上只见过它们的骨头，但我们可以跨越永恒和它们产生共鸣。它们是过去和未来的守护者，是遥远时代的领主。为什么在被科学家指出错误之后，查尔斯·奈特或鲁道夫·扎林格等人的古生物作品仍能长久地让人共鸣？原因之一便是他们笔下的主题不仅仅是恐龙。它们还呈现出了时间的本质、生命的发展以及“人类”的意义。

为什么热爱恐龙

和了不起的史前哺乳动物相比，大多数人都感觉自己和恐龙的联系更为亲密，雷龙比长毛猛犸象更亲切，暴龙比剑齿虎更令人熟悉。但这是为什么？为什么要特别对待恐龙，而不选择体形更大或更小的族群？如果一个人想要拥有包容性，为何不喜爱主龙类？如果一个人想要有针对性，为什么不只关注蜥臀类或鸟臀类？为什么不专门关注蜥脚类或兽脚类？

罗伯特·巴克希望公众的注意力能为古生物学领域注入活力，让恐龙古板的形象更有生气。斯蒂芬·杰伊·古尔德欣赏他的愿景，但也意识到这往往是徒劳，最初被媚俗吸引来的年轻人后来也会转向严肃的科学。但是古生物学家的恐龙实际上从来就没有和恐龙狂热扯上太多关系，后者更接近于一种形象而不是某种生物。古生物学的恐龙给恐龙狂热罩上了一层合理的科学光环，进而为博物馆和研究带来了大量资金。两者相互依存，但它们并不相同，不论是在过去、现在还是未来。

科学术语及其相关的概念框架都目的明确，既不能也不应该随意使用。科学永远不会按照日常对话的要求内化。如果有人问时间，那他就是想要得到几点几分的回答，而不是铯原子的振荡。从支序分类学的角度来看，“鱼”这个词可能属于民间分类，但我们不会在分类学中禁用这个词。每个演化枝都包括某种动物及其后代，因此严格来讲，大多数进化生物学家都将鸟类归为恐龙。但一般来说，他们说到“恐龙”时都不包括鸟类，即使是科学家也不例外。博物馆里的恐龙研究和鸟类研究并不在一处地方。正如卡罗尔·桂石·尹（Carol Kaesuk Yoon）所说：“即使我们听到和看到的新奇名词始终都是代表着合乎演化规律的族群，这种看待生命的方式也依然会跟现在一样陌生。”[5]

分类并不是基于事实，而是为了方便和分析。每个分类系统都是对经验的诠释，具有隐含的假设。什么是人类？正如上文所说，没有人知道确切的答案。什么是恐龙？就个人而言，我认为“庞大、凶暴、已灭绝”是个相当不错的定义。尹认为我们没有使用单一的模型来标准化生物分类，而是包容了各种分类法。如果我们认为只有一个系统完全正确，例如目前受到生物学家青睐的支序分类学，那这不仅会限制我们的想象力，还会进一步将我们与自然界的感性表现分隔开来，毕竟分类学是那么抽象。

人类有很多关于不朽的概念，有些人会说通过灵魂、壮举、文字或记忆获得不朽。支序分类学通过血统的延续展现出了一种不朽。动物是由自己的祖先所定义，因此鸟类仍然是恐龙，人类依然是猿猴。一种动物只有后代全部消失的时候才能称为灭绝。这基本上属于宗教观念，而且不能说服所有人。科学家认为提塔利克鱼是率先踏上陆地的似鱼动物，留下了多种多样的演化学后代，但它已经不在我们身边。

支序分类学里对亲属关系的定义非常狭窄，而且没有考虑大多数人的思考方式。我们并不一定会因为血缘而强烈感受到亲属关系。事实上，我们可能会觉得配偶和朋友更加亲密。与黑猩猩相比，我们也可能会觉得狗狗比较亲切。许多人会因为认同感而对某些动物产生高度个人化的浓厚亲密感，例如蝴蝶和海龟。

尹愿意接受自身看法中看似矛盾的含义。用她的话来说："要真正地重获人类现实（即感性环境）……我们就要拓展思维，例如不再将鲸鱼视作鱼。我们要拥抱所有看似荒谬的可能性：食火鸡是哺乳动物，兰花如拇指，蝙蝠是鸟类。"[6] 如果我们仅通过生物血统来分类动物，但不考虑身体、心理、行为或地理特征，那我们就将它们从感性体验中排除了出去。接着我们又大量使用电子噱头来弥补它们丢失的生动性，用人造幻想淹没个人创造力。敞开心扉接受多种分类法和它们的分析框架之后，我们也就跳出了单一方法的桎梏。

许多没有密切亲缘关系的生物通过趋同演化发展出了相似的特征。蝙蝠和蝴蝶像鸟一样在空中飞翔。许多蝾螈都可以将舌头弹射出来捕捉昆虫，舌头的长度甚至超过了身体，和变色龙非常相似。其他动物通过模仿发展出类似的特征。总督蝶的花纹和帝王蝶大致相同，好让掠食者认为它们像帝王蝶一样有毒。最后，不同的物种可以通过密切互动而获得相似的特征，例如狗和人类表达情感的方式。

比起 DNA 链，将人类视为一系列关系、生态位和历史位的

古斯塔夫·多雷创作的插图《阿斯图尔夫道路上的怪兽》(*Monsters in Astolfp's Path*)，出自卢多维科·阿里奥斯托(Ludovico Ariosto)作品《疯狂的奥兰多》(*Orlando Furioso*, 1877)。在19世纪晚期，恐龙的发现已经开始影响人们对怪兽的想象。左边远处的生物很明显是迷惑龙或者其他蜥脚类恐龙

结合可能会更好理解。其中不仅包括我们与现生生物的关系，也涵盖了过去和未来。我们与恐龙的互动跨越了数百万年时光，而且无法反其道而行之。我们主要通过巨大的骨头来了解它们，但

我们依然会将它们想象成龙、神和恶魔。我们会在自己的面具上模仿它们的特征，在传说中赋予它们同情。我们可能拥有了和它们相同的能力。从许多意义上来说，它们甚至算得上是我们的“近亲”。

科学家在刚进入现代的时候开始命名和描述恐龙，也正是在那个时候，人类，或者至少说是欧美知识分子开始普遍摒弃对龙的信仰。正因为如此，恐龙似乎是一个全新的“发现”，而不是从龙的传说中提炼而来。早期的研究人员模糊了龙与恐龙之间的联系，从广泛的意义上来说，模糊了神话与科学之间的连续性。卡德摩斯和圣乔治之类的英雄会通过杀死龙来迎接现代，于是电子游戏和低俗小说里的英雄也经常杀死恐龙。这两种生物再次在流行文化中合为一体。

也许至少出于某些目的，我们也应该认为恐龙庞大又凶猛但不一定已经灭绝。为了理解恐龙狂热这样的现象，我们就要在更广泛的意义上理解“恐龙”，而古生物学家并非其中唯一的裁决者。这只不过是要正视可能自水晶宫以来就盛行已久的事态。没有哪种“恐龙”的定义十全十美，但我们需要考虑恐龙在生物学之外的含义，例如生态学、传统和集体想象。

这类似于神秘动物学的最新发展。神秘动物学直到最近都还是边缘学科，研究工作主要是调查半传说动物是否存在，例如雪人或大海蛇。雪人自然是以某种形式存在，也许是类人生物、熊、猴子，幻觉或完全不同的东西。现代西方以外的文化可能会以我们难以理解的本体论来看待它们。他们可能无法跟我们一样明确区分人类、猴子或熊。他们甚至有可能还会以不同的方式看

扬·索瓦克创作于2006年的《蛮龙和腕龙》(*Torvosaurus and Brachiosaurus*)。大多数古生物艺术家都还在凸显恐龙属于他者，但这幅画加入了一丝“人性”

DON'T DISTURB THE DINOSAURS

Sixty-million years too late! All that's left are the bones of these gigantic reptiles. But what an amazing world of the past they bring to light. Behold their fossilized remains embedded in one of the world's largest graveyards at Dinosaur National Monument in Utah. See other prehistoric artifacts on display at the Natural History State Park in Vernal.

The ageless past is revealed not only in Dinosaurland but throughout the different world of Utah. There are fantastic erosions, awesome gorges, vast volcanic regions, ancient Indian ruins and petroglyphs, and the huge salty remnant of a 100,000-year-old lake. Not so ancient, historic Mormon architecture from early log cabins to massive temples and tabernacles; countless museums and exhibits that display treasured heirlooms from Utah's pioneer past; Indian celebrations, fairs and dances that recall a vanishing primitive life.

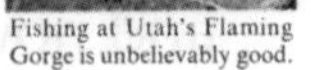

Fishing at Utah's Flaming Gorge is unbelievably good.

Ute Indians in Dinosaurland hold annual dances.

Mail this coupon today for your FREE Utah Travel Kit: full-color Utah booklet; complete fact book on attractions, events, accommodations, rates; and highway map.

UTAH TRAVEL COUNCIL, DEPT. 116
COUNCIL HALL • CAPITOL HILL
SALT LAKE CITY, UTAH 84114

NAME

ADDRESS

CITY STATE ZIP

A visit to Utah is second best only to living and investing in Utah.

Discover the Different World of

UTAH!

1960年犹他州的旅游宣传海报。恐龙和美国原住民都代表着理想化的过去，他们仿佛存在于同一个时代待时间、空间和意识。但雪人的地位和起源只是传说的一个方面，而且不一定是最精妙或最有趣的部分。神秘动物学家在对广泛的问题和本体论采取更加开放的态度之后获得了新活力，也为他们的领域带来了新气象。[7]

前文曾经说过，相当一部分美国民众相信恐龙和人类曾经生活在同一个时代。毫无疑问，这代表着美国教育的严重失败。但在我看来，说服或强迫大家始终以支序分类学的方式来看待恐龙并不能解决这个问题。真正的解决办法是要使人们能够区分各种本体论。这样才能让他们明白，恐龙和人类在现实中根本不处于同一个时代，虽然在其他意义上确实如此。还有人指出，几乎所有对恐龙感兴趣的人似乎都幻想着以这样那样的方式见到它们。也许他们不需要沉溺于谎言中也可以实现这个愿望。

古生物学家不应该是恐龙狂热的大祭司。他们理应获得殊荣，但要艺术家、作家、哲学家和一般的恐龙爱好者共享这个头衔，所有人都在努力让恐龙在文化和学术界占有一席之地。这意味着科学家不会轻易将权威让渡给商业利益，而且我相信，这会将恐龙从某些持续了一个半世纪的媚俗中解放出来。博物馆商店甚至可能会稍微减少一点恐龙玩具的空间，好给雷·布拉德伯里和伊塔洛·卡尔维诺等作家的文学作品腾点儿地方。

没有恐龙的人类

恐龙是怎么出现的？一说到这个问题，我们就必须作为假想中的观察者回到过去。因此即使是最尊重科学知识的恐龙描写也会包含科幻小说的元素。我们不能适应当时的环境，那时候对我们来说没有什么理所当然的事物。我们的感官如何受到气候和大气的影响？我们会对那样的世界做出什么反应？客观描述恐龙是对人类想象力的终极挑战。也许我们所有的复原基本上都是幻想，而科学基础在很大程度上是一种让人暂停怀疑的工具。

让我们来做一个思想实验，想象一个没有恐龙的世界。例如它们从未存在，所以早期的哺乳动物（实际上与恐龙同时诞生，甚至更早一些）几乎没有竞争对手。于是人类的出现时间大约提前了 1.7 亿年。既然这只是幻想，那就让我们假设人类文化仍然遵循着现在的模式发展，拥有书籍、艺术、科学和技术。唯一的完全不同之处在于，科学家重建遥远的过去时并没有恐龙。在这

清迈的恐龙村。恐龙在当代文化中占据着特殊的地位，摇摆于幻想和科学之间

种情况下，我认为人类的傲慢会比现在更加极端，因为我们似乎更容易将自己想象成演化史的顶点。

既然已经开始实验，那就再让我们想象一个没有哺乳动物的世界。假设恐龙没有灭绝，而人类是他们的直系后裔。毕竟很多恐龙都是两足动物，可能还是温血生物。我认为进化论遭遇的阻力会少得多。毕竟祖父是猴子也可以让人接受，而祖父是恐龙简直令人惊叹。事实上，人们会想知道恐龙是如何“堕落”成为人类的。科学家可能会争论我们是哪种恐龙的后裔。认为祖先是暴龙的人甚至可能会被指责为太过自负。

最后，让我们试着想象一个完全没有人类的世界，无论是哺乳动物人类、爬行动物人类还是鸟人。假设恐龙以及其他生物又继续演化了至少 6500 万年，不断产生新的生命形式，但没有一个类似于人类或人类文明。于是我们就会成为没能实现的潜力，一种“可能的存在”，就像一个成熟的人在思考如果自己选择了其他职业会发生什么事情。

是的，这都是假设。我的语气有点儿幽默，但我们很适合在幻想中思考人类的命运。这些场景是思想实验，是为了拓展我们的想象力，或许还能厘清我们的价值观。恐龙激励我们想象新的世界、探索新的可能性。有关其他演化可能的白日梦告诉我们，恐龙是我们构建人类身份的重要环节。在演化催生的所有动物中，它们可能是最接近人类的一员。我们甚至可以说“人类是一种恐龙”，拥有它们的恐惧、禀赋和模棱两可。

在我看来，科学确实是由惊奇感所驱使，但它在不断消耗这种感觉，必须通过新发现来弥补。惊奇来自发现，例如旧的分析框架遭到淘汰，让研究人员发现现实比自己过去的观点更加广阔复杂。在我们用新的理论取代旧理论，不再发现新的可能性并回到沉闷的日常工作时，惊奇感就会消失。它需要不断创新，而且并不会得益于思考我们围绕简单经验所建立起来的复杂理论结构，至少长久的沉思并无益处。为了保持活力，科学必须不断回溯源头，这对恐龙研究而言就是原始骨骼。

本书中，我描写了恐龙如何在重现人世之后不断披上媚俗的外壳，但我并没有因此而鼓吹优越感。这不是对恐龙的批评，也不是在贬低围绕它们建立起来的体系。我可以大方地承认自己有些享受恐龙的媚俗，虽然现在这已经让我感到很不舒服。但我之所以提到这一点，是因为我们似乎必须要穿过所有商业炒作才能看到真实。我的标准仍然是我最初在博物馆里邂逅恐龙展览的感受，非常简单——芝加哥菲尔德自然历史博物馆里的巨大恐龙骨头，展出时没有虚张声势，游客还可以亲手触摸。

REFERENCES

引用文献

CHAPTER 1
龙　骨

1 Gail F. Melson, *Why the Wild Things Are: Animals in the Lives of Children* (Cambridge, ma, 2001), p. 152.

2 Tom Rea, *Bone Wars: The Excavation and Celebrity of Andrew Carnegie's Dinosaur* (Pittsburgh, pa, 2001), p. 8.

3 Martin J. S. Rudwick, *Scenes from Deep Time: Early Pictorial Representations of the Prehistoric World* (Chicago, il, 1992), p. 237.

4 Adrienne Mayor, *The First Fossil Hunters: Paleontology in Greek and Roman Times* (Princeton, nj, 2000), pp. 177–8.

5 Judy Allen and Jeanne Griffiths, *The Book of the Dragon* (Secaucus, nj, 1979), p. 90.

6 Mayor, *Fossil Hunters*, pp. 15–53.

7 Ibid., pp. 195–202.

8 Allen and Griffiths, *Book of the Dragon*, p. 36.

9 Pranay Lal, 'The Fascinating History of When Rajasaurus and Other Dinosaurs Roamed the Indian Subcontinent', https://qz.com/866159, accessed 4 July 2017.

10 Herodotus, *The Histories*, trans. Peter B. Willberg (New York, 1997), pp. 37–8.

11 Harold Gebhardt and Mario Ludwig, *Von Drachen, Yetis und Vampiren: Fabeltie-*

ren auf der Spur (Munich, 2000), p. 202.

12 Willy Ley, *Dawn of Zoology* (New York, 1968), p. 193.

13 Gebhardt and Ludwig, *Von Drachen*, p. 203.

14 Ibid., p. 42.

15 Ibid., p. 205.

16 R. H. Marijnissin and P. Ruyffelaere, *Bosch: The Complete Works* (Antwerp, 1987), pp. 134–53.

17 Suzanne Boorsch, 'The 1688 Paradise Lost and Dr Aldrich', *Metropolitan Museum Journal*, vi (1972), pp. 133–50.

18 Georges Louis Leclerc, Comte de Buffon, *Les Époques de la nature*, vol. ii (Paris, 1780), pp. 126–36.

19 Johann Jakob Scheuchzer, *Homo diluvii testis* (Zurich, 1726).

20 Herbert Wendt, *In Search of Adam: The Story of Man's Quest for the Truth about His Earliest Ancestors* (New York, 1956), p. 15.

21 Ibid., p. 16.

22 Helen Macdonald, 'A Bestiary of the Mind', *New York Times Magazine*, 21 May 2017, pp. 40–41.

CHAPTER 2
神话之龙如何成了恐龙

1 David D. Gilmore, *Monsters: Evil Beings, Mythical Beasts, and All Manner of Imaginary Terrors* (Philadelphia, pa, 2003), p. 73.

2 David Leeming and Margaret Leeming, *A Dictionary of Creation Myths* (Oxford, 1994), pp. 202–8.

3 Hesiod, *Theogony/Works and Days* [750 bce], trans. M. L. West (Oxford, 1988), pp. 3–33.

4 Alan Weller, ed., *120 Visions of Heaven and Hell* (Mineola, n\, 2010), pl. 064.

5 William Shakespeare, *Shakespeare's Sonnets*, ed. Margaret de Grazia (New York, 2011), p. 157.

6 John Milton, *Paradise Lost* [1667–74] (Oxford, 2003), book x.

7 Thomas Hawkins, *The Book of the Great Sea-dragons, Ichthyosauri and Plesiosauri* (London, 1840), p. 21.

8 Deborah Cadbury, *The Dinosaur Hunters: A Story of Scientific Rivalry and the*

Discovery of the Prehistoric World (New York, 2001), pp. 141–2.

9 Isabella Duncan, *Pre-Adamite Man; or, the Story of Our Old Planet and Its Inhabitants, Told by Scripture and Science* (London, 1861).

10 Joscelyn Godwin, *Athanasius Kircher: A Renaissance Man and the Quest for Lost Knowledge* (London, 1979), pp. 25–33, 84–93.

11 Thomas Burnet, *The Sacred Theory of the Earth* [1690] (London, 1816), p. 29.

12 Edmund Burke, *A Philosophical Enquiry Into the Origin of Our Ideas of the Sublime and Beautiful* [1757] (Oxford, 2015), pp. 47–9.

13 Donald Worster, *Nature's Economy: A History of Ecological Ideas* (Cambridge, ma, 1994), p. 125.

CHAPTER 3
庞大先生和凶暴先生

1 William Paley, *Natural Theology*, facsimile edition (Boston, ma, 1841), p. 265.

2 Ibid.

3 William Smellie, *The Philosophy of Natural History*, 5th edn (Boston, ma, 1838), p. 222.

4 Deborah Cadbury, *The Dinosaur Hunters: A Story of Scientific Rivalry and the Discovery of the Prehistoric World* (New York, 2001), p. 95.

5 Gideon Mantell, 'The Age of Reptiles', *The Star*, 16 June 1831, p. 1.

6 George F. Richardson, *Sketches in Prose and Verse (second series), containing visits to the Mantellian Museum* (London, 1838).

7 Martin J. S. Rudwick, *Scenes of Deep Time: Early Representations of the Primitive World* (Chicago, il, 1992), p. 119.

8 David Hone, *The Tyrannosaur Chronicles: The Biology of the Tyrant Dinosaurs* (New York, 2016), p. 21.

9 Mark A. Norell et al., *Discovering Dinosaurs in the American Museum of Natural History* (New York, 1995), pp. 105–6.

10 Stephen Jay Gould, 'Dinomania', in *Dinosaur in a Haystack: Reflections on Natural History* (New York, 1995), p. 223.

11 David D. Gilmore, *Monsters: Evil Beings, Mythical Beasts, and All Manner of Imaginary Terrors* (Philadelphia, pa, 2003), p. 72.

12 Alan A. Debus, *Dinosaurs in Fantastic Fiction: A Thematic Survey* (London, 2006), p. 125.

13 http://books.google.com/ngrams.

14 Paul A. Trout, *Deadly Powers: Animal Predators and the Mythic Imagination* (Amherst, n\, 2011), p. 21.

CHAPTER 4
从水晶宫到侏罗纪公园

1 Peter Marshall, *The Magic Circle of Rudolf ii: Alchemy and Astrology in Renaissance Prague* (New York, 2006), p. 76.

2 Deborah Cadbury, *The Dinosaur Hunters: A Story of Scientific Rivalry and the Discovery of the Prehistoric World* (London, 2001), pp. 211, 216–17.

3 David D. Gilmore, *Monsters: Evil Beings, Mythical Beasts and All Manner of Imaginary Terrors* (Philadelphia, pa, 2003), pp. 62–3.

4 Celeste Olalquiaga, *The Artificial Kingdom: A Treasury of Kitsch Experience* (New York, 1998), p. 32.

5 Ibid.

6 Steve McCarthy and Mick Gilbert, *The Crystal Palace Dinosaurs* (London, 1994), p. 31.

7 Ibid., p. 67.

8 W.J.T. Mitchell, *The Last Dinosaur Book: The Life and Times of a Cultural Icon* (Chicago, il, 1998), p. 128.

9 Douglas J. Preston, *Dinosaurs in the Attic: An Excursion into the American Museum of Natural History* (New York, 1993), p. 25.

10 Henry Neville Hutchinson and William Henry Flower, *Creatures of Other Days* (London, 1894), p. 142.

11 McCarthy and Gilbert, *The Crystal Palace Dinosaurs*, p. 41.

12 Brian Switek, 'Darwin and the Dinosaurs', www.smithsonian.com, 12 February 2009.

13 Preston, *Dinosaurs*, pp. 78–9.

14 Tom Rea, *Bone Wars: The Excavation and Celebrity of Andrew Carnegie's Dinosaur* (Pittsburgh, pa, 2001), p. 31.

15 Ibid., p. 41.

16 Ibid., pp. 42–3.

17 Ibid., p. 164.

18 Zoë Lescaze, *Paleoart: Visions of the Prehistoric Past* (New York, 2017), pp. 216–64.

19 Anonymous, *The Exciting World of Dinosaurs: Sinclair Dinoland* (New York, 1964), n.p.

20 Anonymous, 'Dinos Popular', *Simpson's Leader-Times*, 19 August 1965, p. 14.

21 Asher Elbein, 'The Right's Dinosaur Fetish: Why the Koch Brothers are Obsessed with Paleontology', www.salon.com, 28 July 2014.

22 Joe Cunningham, 'Behind the Scenes at Dinomania', *Syracuse New Times*, www.syracusenewtimes.com, 15 October 2014.

23 Stephen J. Gould, 'The Dinosaur Rip-off', in *Bully for Brontosaurus: Reflections on Natural History* (New York, 1991), p. 98.

24 Mitchell, *The Last Dinosaur Book*, p. 14.

25 Bruno Latour, *We Have Never Been Modern*, trans. Catherine Porter (Cambridge, ma, 1993), p. 21.

CHAPTER 5
恐龙复兴

1 Thomas S. Kuhn, *The Structure of Scientific Revolutions*, 2nd edn (Chicago, il, 1962).

2 Robert Bakker, 'The Superiority of Dinosaurs', *Discovery*, iii/2 (1968), pp. 11–22.

3 Robert Bakker, *Dinosaur Heresies: New Theories Unlocking the Mystery of the Dinosaurs and Their Extinction* (New York, 1986), pp. 1–19.

4 David Norman, *Dinosaur* (New York, 1991), p. 69.

5 Zoë Lescaze, *Paleoart: Visions of the Prehistoric Past* (New York, 2017), pp. 111–14.

6 Jane P. Davidson, *A History of Paleontology Illustration* (Bloomington, in, 2008), pp. 169–72.

7 John Noble Wilford, *The Riddle of the Dinosaurs* (New York, 1985), pp. 161–75.

8 W.J.T. Mitchell, *The Last Dinosaur Book* (Chicago, il, 1980), p. 64.

9 Niles Eldredge and Stephen J. Gould, 'Punctuated Equilibria: An Alternative to Phyletic Gradualism', in *Models in Paleobiology*, ed. T.J.M. Schropf (Cambridge, 1972), p. 86.

10 Derek Turner, *Paleontology: A Philosophical Introduction* (Cambridge, 2011), pp. 51–71.

11 Martin J. S. Rudwick, *Earth's Deep History: How It Was Discovered and Why It Matters* (Chicago, il, 2014), p. 263.

12 Darren Naish and Paul Barrett, *Dinosaurs: How They Lived and Evolved* (Washington, dc, 2016), p. 24.

13 Lescaze, *Paleoart*, pp. 268, 272–7.

14 Davidson, *A History of Paleontology Illustration*, pp. 153–6, 173, 180.

15 Lescaze, *Paleoart*, p. 268.

CHAPTER 6
现代图腾

1 Mircea Eliade, *The Myth of the Eternal Return* (Princeton, nj, 1974), pp. 139–64.

2 Allen A. Debus, *Dinosaurs in Fantastic Fiction: A Thematic Survey* (London, 2011), pp. 36–55, 85–102.

3 Stephen T. Asma, *Stuffed Animals and Pickled Heads: The Culture and Evolution of Natural History Museums* (Oxford, 2001), p. 155.

4 Samuel Philips, *Guide to the Crystal Palace and Park: Facsimile Edition of 1856 Official Guide* (London, 2008), p. 193.

5 Philip Henry Gosse, *The Romance of Natural History* (London, 1860), pp. 330–40.

6 J. P. O'Neill, *The Great New England Sea Serpent: An Account of Unknown Creatures Sighted by Many Respectable Persons between 1638 and the Present Day* (Camden, me, 1999), pp. 112, 147.

7 Debus, *Dinosaurs in Fantastic Fiction*, p. 39.

8 David D. Gilmore, *Monsters: Evil Beings, Mythical Beasts, and All Manner of Imaginary Terrors* (Philadelphia, pa, 2002), pp. 2, 192.

9 Jack Horner and James Gorman, *How to Build a Dinosaur: The New Science of Reverse Evolution* (New York, 2010).

10 W.J.T. Mitchell, *The Last Dinosaur Book: The Life and Times of a Cultural Icon* (Chicago, il, 1998), p. 91.

11 Ibid., pp. 77–85.

12 Ibid., p. 77.

13 Claude Lévi-Strauss, *The Savage Mind*, trans. anon. (Chicago, il, 1966), pp. 232–3.

14 Bruno Latour, *We Have Never Been Modern*, trans. Catherine Porter (Cambridge, ma, 1993), p. 91.

15 Ibid., p. 84.

16 Ibid.

17 Jean-François Lyotard, *The Postmodern Condition: A Report on Knowledge*, trans. Geoff Bennington and Brian Massumi (Minneapolis, mn, 1979), pp. 31–41.

18 Latour, *We Have Never Been Modern*, p. 21.

19 Philippe Descola, *Beyond Nature and Culture*, trans. Janet Lloyd (Chicago, il, 2005), pp. 144–71.

20 Marshall Sahlins, *What Kinship Is and Is Not* (Chicago, il, 2013), p. 7.

21 Harold Gebhardt and Maria Ludwig, *Von Drachen, Yetis und Vampiren: Fabeltieren auf der Spur* (Munich, 2005), p. 41.

CHAPTER 7
灭 绝

1 Stephen J. Gould, 'The Dinosaur Rip-off', in *Bully for Brontosaurus: Reflections on Natural History* (New York, 1991), p. 96.

2 Gail F. Melson, *Why the Wild Things Are: Animals in the Lives of Children* (Cambridge, ma, 2001), pp. 62–4.

3 Willy Ley, *Dawn of Zoology* (New York, 1968), p. 203.

4 Georges Cuvier, *Georges Cuvier, Fossil Bones and Geological Catastrophes: New Translations and Interpretations of the Primary Texts*, ed. Martin J. S. Rudwick (Chicago, il, 1997), pp. 186–7.

5 Rev. J. G. Wood, *Animate Creation*, vol. i (New York, 1885), p. 9.

6 Martin J. S. Rudwick, *Scenes from Deep Time: Early Pictorial Representations of the Prehistoric World* (Chicago, il, 1992), pp. 48–50.

7 Alfred, Lord Tennyson, 'In Memoriam', in *Selected Poems* (New York, 1993), pp. 137–8.

8 Steve McCarthy and Mick Gilbert, *The Crystal Palace Dinosaurs: The Story of the World's First Prehistoric Sculptures* (London, 1994), p. 22. The grammar used in the song has been adjusted a bit, to bring it in line with current usage.

9 Charles Dickens, *Bleak House* [1852–3] (New York, 2004), p. 13.

10 Joe Zammit-Lucia, 'Practice and Ethics of the Use of Animals in Contemporary Art', in *The Oxford Handbook of Animal Studies*, ed. Linda Kalof (Oxford, 2017), pp. 444–5.

11 W.J.T. Mitchell, *The Last Dinosaur Book: The Life and Times of a Cultural Icon*

(Chicago, il, 1998), p. 62.

12 Ibid., pp. 265–75.

13 Peter Ward and Joe Kirschvink, *A New History of Life: The Radical New Discoveries about the Origins and Evolution of Life on Earth* (New York, 2015), pp. 296–306.

14 Ray Bradbury, 'The Foghorn', in *Dinosaur Tales* (New York, 1925), pp. 94–111.

15 Ray Bradbury, 'A Sound of Thunder', in *Dinosaur Tales* (New York, 1925), pp. 51–86.

16 Italo Calvino, 'The Dinosaurs', in *The Complete Cosmicomics*, trans. Martin McLaughlin (New York, 2015), pp. 99–113.

17 Elizabeth Kolbert, *The Sixth Extinction: An Unnatural History* (New York, 2014), p. 21.

18 Peter Holley, 'Stephen Hawking Now Says that Humanity Has Only About 100 Years to Escape Earth', www.chicagotribune.com, 8 May 2017.

CHAPTER 8
以恐龙为中心的世界

1 Stephen Jay Gould, 'Can We Complete Darwin's Revolution?', in *Dinosaur in a Haystack: Reflections on Natural History* (New York, 1995), pp. 326–7.

2 Boria Sax, *The Mythical Zoo: Animals in Myth, Legend and Literature*, 2nd edn (New York and London, 2013), pp. 13–16, 331–2.

3 Paul Shepard, *The Others: How Animals Made Us Human* (Washington, dc, 1966), pp. 13–27.

4 Nicholas Gane and Donna Haraway, 'Interview with Donna Haraway', *Theory, Culture and Society* (2006), xxiii/7–8, p. 146.

5 Carol Kaesuk Yoon, *Naming Nature: The Clash Between Instinct and Science* (New York, 2009), p. 230.

6 Ibid., p. 235.

7 Samantha Hurn, 'Introduction', in *Anthropology and Cryptozoology: Exploring Encounters with Mysterious Creatures*, ed. Samantha Hurn (London, 2017), pp. 1–12.

BIBLIOGRAPHY

参考文献

注意：本文献列表旨在扩展读者的阅读量，更适合普通读者，不是非常适合专业人士。因此，没有纳入引用文献中的所有作品。

Adler, Alan, ed., *Science-fiction and Horror Movie Posters in Full Color* (Mineola, NY, 1977)

Asma, Stephen T., *Stuffed Animals and Pickled Heads: The Culture and Evolution of Natural History Museums* (Oxford, 2001)

Bakker, Robert T., *The Dinosaur Heresies: New Theories Unlocking the Mystery of the Dinosaurs and Their Extinction* (New York, 1986)

Boorsch, Suzanne, 'The 1688 Paradise Lost and Dr. Aldrich', *Metropolitan Museum Journal*, vi (1972), pp. 133–50

Bradbury, Ray, *Dinosaur Tales* (New York, 2003)

Burke, Edmund, *A Philosophical Inquiry into the Sublime and the Beautiful* [1757] (Oxford, 2009)

Cadbury, Deborah, *The Dinosaur Hunters: A Story of Scientific Rivalry and the Discovery of the Prehistoric World* (London, 2001)

Calvino, Italo, *The Complete Cosmicomics,* trans. Martin McLaughlin (New York, 2015)

Crichton, Michael, *Jurassic Park* (New York, 1990)

——, *The Lost World* (New York, 1995)

Cuvier, Georges, *Fossil Bones and Geological Catastrophes*, trans. Martin J. S. Rudwick (Chicago, il, 1997)

Davidson, Jane P., *A History of Paleontological Illustration* (Bloomington, in, 2008)

Debus, Allen A., *Dinosaurs in Fantastic Fiction* (Jefferson, nc, 2006)

Dickens, Charles, *Bleak House* [1853–4] (New York, 2004)

Doyle, Arthur Conan, *The Lost World* [1912] (Toronto, 2015)

Eliade, Mircea, *The Myth of the Eternal Return* (Princeton, nj, 1974)

Gebhardt, Harold and Mario Ludwig, *Von Drachen, Yetis und Vampiren: Fabeltieren auf der Spur* (Munich, 2005)

Gilmore, David D., *Monsters: Evil Beings, Mythical Beasts, and All Manner of Imaginary Terrors* (Philadelphia, pa, 2003)

Gould, Stephen Jay, *Bully for Brontosaurus: Reflections on Natural History* (New York, 1991)

——, *Dinosaur in a Haystack* (New York, 1995)

——, *Time's Arrow, Time's Cycle: Myth and Metaphor in the Discovery of Geological Time* (Cambridge, ma, 1987)

Gould, Stephen J., and Niles Eldredge, 'Punctuated Equilibria: An Alternative to Phyletic Gradualism', in *Models in Paleobiology*, ed. T.J.M. Schropf (San Francisco, ca, 1972), pp. 82–115

Greenberg, Martin H., ed., *Dinosaurs* (New York, 1996)

Herodotus, *The Histories*, trans. Peter B. Willberg [*c*. 420 bce] (New York, 1997)

Hone, David, *The Tyrannosaur Chronicles: The Biology of Tyrant Dinosaurs* (New York, 2016)

Horner, Jack, and James Gorman, *How to Build a Dinosaur: The New Science of Reverse Evolution* (New York, 2010)

Hurn, Samantha, ed., *Anthropology and Cryptozoology: Exploring Encounters with Mysterious Creatures* (Abingdon, 2017)

Kolbert, Elizabeth, *The Sixth Extinction: An Unnatural History* (New York, 2014)

Kuhn, Thomas S., *The Structure of Scientific Revolutions*, 2nd edn (Chicago, il, 1970)

Larson, Edward J., *Evolution: A Remarkable History of a Scientific Theory* (New York, 2004)

Latour, Bruno, *Politics of Nature: How to Bring the Sciences into Democracy*, trans. Catherine Porter (Cambridge, ma, 2004)

——, *We Have Never Been Modern*, trans. Catherine Porter (Cambridge, ma, 1993)

Leeming, David, and Margaret Leeming, *A Dictionary of Creation Myths* (Oxford, 1994)

Lescaze, Zoë, and Walton Ford, *Paleoart: Visions of the Prehistoric Past, 1830–1980* (New York, 2017)

Lévi-Strauss, Claude, *The Savage Mind*, no translator given (Chicago, il, 1966)

Ley, Willy, *The Dawn of Zoology* (Englewood Cliffs, nj, 1968)

Lyotard, Jean-François, *The Postmodern Condition: A Report on Knowledge*, trans. Brian Massumi (Minneapolis, mn, 1984)

Mayor, Adrienne, *The First Fossil Hunters: Paleontology in Greek and Roman Times* (Princeton, nj, 2000)

Melson, Gail F., *Why the Wild Things Are: Animals in the Lives of Children* (Cambridge, ma, 2001)

Mitchell, W.J.T., *The Last Dinosaur Book: The Life and Times of a Cultural Icon* (Chicago, il, 1998)

Naish, Darren, and Paul Barrett, *Dinosaurs: How They Lived and Evolved* (Washington, dc, 2016)

Norman, David, *Dinosaur* (New York, 1991)

—, *Dinosaurs* (Oxford, 2005)

Olalquiaga, Celeste, *The Artificial Kingdom: A Treasury of Kitsch Experience* (New York, 1998)

Preston, Douglas J., *Dinosaurs in the Attic: An Excursion into the American Museum of Natural History* (New York, 1993)

Rea, Tom, *Bone Wars: The Excavation and Celebrity of Andrew Carnegie's Dinosaur* (Pittsburgh, pa, 2001)

Rudwick, Martin J. S., *Earth's Deep History: How It Was Discovered and Why It Matters* (Chicago, il, 2014)

——, *Scenes from Deep Time: Early Pictorial Representations of the Prehistoric World* (Chicago, il, 1992)

Sanz, José Luis, *Starring T. Rex! Dinosaur Mythology in Popular Culture*, trans. Philip Mason (Bloomington, in, 2002)

Sax, Boria, *The Mythical Zoo: Animals in Myth, Legend and Literature*, 2nd edn (New York, 2013)

Shepard, Paul, *The Others: How Animals Made Us Human* (Washington, dc, 1996)

Trout, Paul A., *Deadly Powers: Animal Predators and the Mythic Imagination* (Amherst, n\)

Ward, Peter, and Joe Kirschvink, *A New History of Life: The Radical New Discoveries about the Origins and Evolution of Life on Earth* (New York, 2015)

Wendt, Herbert, *In Search of Adam: The Story of Man's Quest for the Truth about His Earliest Ancestors* (Boston, ma, 1956)

Wilford, John Noble, *The Riddle of the Dinosaurs* (New York, 1985)

Worster, Donald, *Nature's Economy: A History of Ecological Ideas* (Cambridge, 1994)

ACKNOWLEDGEMENTS

致　谢

感谢我的夫人琳达·萨克斯（Linda Sax）通读本书草稿，并提出了很多宝贵的修改意见。也感谢 Reaktion Book 出版社的工作人员对本书充满信心。本书给了我回顾童年的机会，也让我想到了所有没有提及，甚至没有意识到的问题。万分感谢所有人！

PHOTO ACKNOWLEDGEMENTS

插图致谢

作者和出版商十分感谢下列作者的插图或授权：

Alamy：第 090（Photo 12）、121（Natural History Museum, London）、140 页（Everett Collection Inc.）；
Scott Robert Anselmo：第 094 页；
taraBlazkova：第 169 页；
courtesy of Carl Buell：第 159（上下图）、239 页；
Alessio Damato：第 105 页；
Jerrye and Roy Klotz md：第 205 页（上图）；
Library of Congress, Washington, dc：第 034、132、180 页；
Jud McCranie：第 124 页；
The Metropolitan Museum of Art, New York： 第 021 页（Elisha Whittelsey Collection/The Elisha Whittelsey Fund, 1949）；
Tom Page：第 109 页；
rex Shutterstock：第 208 页（下图，Moviestore Collection）；
Nick Richards：第 113 页（上图）；
Boria Sax：第 006、174、177、205（下图）、219 页；
Shutterstock：第 005（Shujaa_777）、017（Predrag Sepelj）、068（Dziurek）、122（alredosaz）、134（Nor Gal）、166（rook79）、184（AustralianCamera）、208（上图，Knot Mirai）、220（akkharat jarusilawong）、238 页（Suwat wongkham）；
Ian Wright：第 113 页（下图）。

TRANSLATION TABLE

译名对照表

A

Adam and Eve 亚当和夏娃

Alley Oop 《阿利·欧普》

American Museum of Natural History (New York) 美国自然历史博物馆（纽约）

anthropocentrism 人类中心主义

Allosaurus 异特龙

Anning, Mary 安宁，玛丽

Apatosaurus 迷惑龙

B

Bakker, Robert 巴克，罗伯特

Barosaurus 重龙

Beche, Henry De la, *Awful Changes* 贝施，亨利·德拉，《可怕的改变》

Blake, William 布莱克，威廉

Boccaccio, Giovanni 薄伽丘，乔万尼

Bone Wars 骨头大战

Bosch, Hieronymus 博斯，耶罗尼米斯

Hell (from *The Garden of Earthly Delights*) 《地狱》（出自《人间乐园》）

C

D

Darwin, Charles　达尔文，查尔斯
deep time　深时
deinonychus　恐爪龙
Derrida, Jacques　德里达，雅克
Descola, Philippe　德斯科拉，菲利普
Dickens, Charles　狄更斯，查尔斯
　Bleak House《荒凉山庄》
Diplodocus　梁龙
Dixon, Dougal　狄克逊，杜格尔
dominance among species　优势物种
Doré, Gustave　多雷，古斯塔夫
Doyle, Arthur Conan　道尔，阿瑟·柯南
dragons　龙
Dreamtime　梦创时代
Duncan, Isabella, *Pre-Adamite Man*　邓肯，伊莎贝拉，《早于亚当之人》

E

Eden, Garden of　伊甸园
Egypt　埃及
Eldredge, Niles　埃尔德里奇，尼尔斯
Eliade, Mircea　伊利亚德，米尔恰
evolution, theory of　进化论
extinction, theory of　灭绝理论

F

Field Museum (Chicago)　菲尔德自然历史博物馆（芝加哥）
Flintstones, The《摩登原始人》
France　法国

G

Germany　德国

H

I

J

K

Kircher, Athanasius　基歇尔，阿塔纳修斯

Kish, Ely　基什，埃利

Knight, Charles　奈特，查尔斯

Kuhn, Thomas, *The Structure of Scientific Revolutions*　库恩，托马斯，《科学革命的结构》

L

Laelaps　莱拉普斯龙

Lamarck, Jean–Baptiste　拉马克，让－巴蒂斯特

Latour, Bruno　拉图尔，布鲁诺

Lévi–Strauss, Claude　列维－斯特劳斯，克洛德

Loch Ness Monster　尼斯湖水怪

Lyell, Charles　莱尔，查尔斯

Lyotard, Jean–François　利奥塔，让－弗朗索瓦

M

Mantell, Gideon　曼特尔，吉迪恩

Marsh, Othniel Charles　马什，奥塞内尔·查尔斯

Martin, John　马丁，约翰

Medina, Jean Baptiste de　梅迪纳，约翰·巴蒂斯特·德

Megalosaurus　巨齿龙

Melson, Gail A.　梅尔森，盖尔·A.

Middle Ages　中世纪

Milton, John, *Paradise Lost*　弥尔顿，约翰，《失乐园》

Mitchell, W.J.T.　米切尔，W. J. T.

Mokele–mbembe　魔克拉－姆边贝

Mongolia　蒙古国

Muséum National d' Histoire Naturelle (Paris)　法国国家自然史博物馆（巴黎）

N

natural theology　自然神学

Noah and the Flood　挪亚和洪水

O

Ostom, John　奥斯特罗姆，约翰
Owen, Richard　欧文，理查德

P

Paley, William　佩利，威廉
Parco dei Monstri (Bomarzo, Italy)　怪物公园（博马尔佐，意大利）
Peabody Museum (New Haven, CT)　皮博迪自然历史博物馆（纽黑文）
punctuated equilibrium, theory of　间断平衡理论
Plesiosaurus　蛇颈龙
Plot, Robert　普洛特，罗伯特
predation　掠食
Pterosaur　翼龙

R

Raimondi, Marcantonio, and Agostino Veneziano, *The Witches' Procession*　马尔坎托尼奥·拉伊蒙迪和阿戈斯蒂诺·韦内齐亚诺,《女巫的行列》
Rainbow Serpent　彩虹蛇
Renaissance　文艺复兴
Rey, Luis　雷伊，路易斯
Rockefeller, John D.　洛克菲勒，约翰·D.
Rome　罗马
Rudwick, Martin　拉德威克，马丁

S

Sahlins, Marshall　萨林斯，马歇尔
Sarg, Tony, *American Museum of Natural History*　托尼·萨格,《美国自然历史博物馆》
Satan 撒旦
Scheuchzer, Johann Jacob　舍赫泽，约翰·雅各布

Physica Sacra《神圣自然学》
Seeley, Henry　西利，亨利
Shakespeare, William　莎士比亚，威廉
Sinclair Dinoland　辛克莱恐龙乐园
Sovak, Jan　索瓦克，扬
Soviet Union　苏联
Spielberg, Stephen　斯皮尔伯格，史蒂文
Stegosaurus　剑龙

T

Tennyson, Alfred, Lord　丁尼生，阿尔弗雷德，勋爵
In Memorium《悼念集》
Teutobochus　泰托巴豪斯
Torosaurus　牛角龙
totemism 图腾崇拜
Triceratops　三角龙
Tweed, William M.　特威德，威廉·M.
Tyrannosaurus　暴龙

U

United States　美国

V

Victorian period　维多利亚时代

W

Wallace, Alfred Russel　华莱士，阿尔弗雷德·拉塞尔
Waterhouse Hawkins, Benjamin　沃特豪斯·霍金斯，本杰明
White, Shep　怀特，谢普
World's Fair, 1964 (New York)　1964 年世博会（纽约）
Worster, Daniel　沃斯特，丹尼尔

Y

Z